陕西省地下水质年鉴
（1996—2010年）

陕西省地质环境监测总站　编著

中国地质大学出版社
ZHONGGUO DIZHI DAXUE CHUBANSHE

图书在版编目(CIP)数据

陕西省地下水质年鉴:1996—2010 年/陕西省地质环境监测总站编著. —武汉:中国地质大学出版社,2016.12

ISBN 978-7-5625-3840-0

Ⅰ.①陕…
Ⅱ.①陕…
Ⅲ.①地下水-水质-陕西-1996—2010-年鉴
Ⅳ.①P641.13-54

中国版本图书馆 CIP 数据核字(2016)第 306548 号

陕西省地下水质年鉴(1996—2010 年)		陕西省地质环境监测总站　编著	
责任编辑:陈　琪		责任校对:周　旭	
出版发行:中国地质大学出版社(武汉市洪山区鲁磨路 388 号)		邮政编码:430074	
电　　话:(027)67883511	传　　真:67883580	E-mail:cbb@cug.edu.cn	
经　　销:全国新华书店		http://www.cugp.cug.edu.cn	
开本:880 毫米×1230 毫米 1/16		字数:222 千字	印张:7
版次:2016 年 12 月第 1 版		印次:2016 年 12 月第 1 次印刷	
印刷:武汉市籍缘印刷厂		印数:1—1000 册	
ISBN 978-7-5625-3840-0		定价:188.00 元	

如有印装质量问题请与印刷厂联系调换

《陕西省地下水质年鉴(1996—2010年)》

编委会

编纂委员会

顾　　问：王卫华
主　　任：苟润祥
副 主 任：黄建军
编　　委：宁奎斌　王雁林　李仁虎　宁杜教　张晓团　左文乾
　　　　　钞中东　范立民　刘　江　贺卫中　张卫敏　孙晓东
　　　　　师小龙　翁　旭

编辑委员会

主　　编：陶　虹
副 主 编：贺卫中　丁　佳
编辑人员：陶福平　李　辉　贺旭波　李　勇　许超美　张新宇
　　　　　向茂西　闫文中　金海峰　索传郿　杨　驰　李文莉
　　　　　李　宪　肖志杰　茹建国　张建军　辛晓梅　马红军
　　　　　白　宁　牛振伟　笪　思　辛小良　史科平　张　晋
　　　　　范本杰　王兴安　王培林　焦喜丽　闫小灵　张金宝
　　　　　翟乖乾　熊润明　陈小菊　邱玉龙　阴军盈　闵小鹏
　　　　　刘强明　白海军

前　言

陕西又称秦川,是中华文明的发祥地之一,位于中国西北内陆腹地,横跨黄河和长江两大流域。北山、秦岭山脉横断陕西,将全省分为黄土高原、关中盆地、秦巴山区三部分。陕西地下水开发利用追溯求源,已有数千年的历史,最早的水井位于咸阳沣西张家坡的西周遗址。新中国成立以来,地下水开发利用强度不断加大,满足了经济社会快速发展的需求,但同时也产生了一系列环境地质问题。由于持续过量开采地下水,导致区域地下水位下降,形成水位降落漏斗,造成局部地下水资源衰减,形成含水层疏干、地面沉降、地裂缝、水质污染等一系列环境地质问题,给城市建设、生态安全带来隐患。

为了合理开发利用地下水资源,1955年陕西省成立了地矿局地下水观测站,1991年更名为陕西省地质环境监测总站(以下简称"总站"),主要承担全省地下水动态监测任务。目前全省已形成1个省级监测站和10个市级站的地质环境监测网。总站成立60年来,虽然机构历经多次变革,但承担全省地下水监测的职责一直没有改变。20世纪中期,总站是单一的地下水监测机构,负责全省地下水的动态监测。20世纪80年代后期,关中盆地地下水超采严重,地下水开采引起的地质环境问题日益突出,地面沉降、地裂缝活跃,导致地铁修建方案多次被否决,严重影响了西安市城市发展。为此,总站根据监测数据,多次通过主管部门提出了控制地下水开采规模、缓解地面沉降速率、减缓地裂缝发育的防灾减灾建议,得到了政府采纳。从20世纪90年代后期开始,西安市关闭了大量自备水井,引入黑河水,解决了城市供水难题,也保护了城市地下水,使地面沉降与地裂缝发育趋缓。21世纪以来,城区基本上不再开采地下水,从而使地铁、高层建筑群工程得以实施,地下水监测不仅为美丽西安建设提供了科学技术支撑,也为防灾减灾、保护城市安全提供了科学依据。

60年来,通过地下水监测,我们研发了地下水监测新技术,开发出单井多层地下水监测装置、地下水监测井保护装置、地下水自动监测与数据传输系统等专利产品,不仅实现了地下水的自动化监测,也促进了科技进步,多次获得省部级科学技术奖。

60年来,通过地下水监测,我们培养了一批地下水研究技术骨干,先后在《水文地质工程地质》《地质论评》《煤炭学报》《第四纪地质》等核心期刊发表了30余篇学术论文,繁荣了科学文化,促进了人才成长,先后有3人获得国务院政府特殊津贴,1人被授予陕西省有突出贡献专家,多人被国土资源部、陕西省地质矿产勘查开发局、陕西省国土资源厅、陕西省应急管理办公室等授予先进个人称号。

60年来,通过地下水监测,我们掌握了全省地下水动态,对地下水水位、水质演变规律进行了系统研究,初步掌握了地下水演化规律,为科学、合理利用地下水提供了大量基础资料。

60年来,通过地下水监测,我们先后出版了《西安地区地下水位年鉴(1956—1977年)》《西安地区地下水位年鉴(1978—1983年)》《西安地区地下水位年鉴(1984—1988年)》《宝鸡地区地下水位年鉴(1975—1985年)》,年鉴涵盖了1956—1985年的全部监测数据,免费提供给地勘单位、政府机构和图书馆,履行了公益性地质调查队伍的职责,实现了资料共享。但由于各种原因,1986年以来的监测成果未出版,使成果利用范围受到了一定影响。作为全省唯一的地质环境监测公益性队伍,我们有义务、有责任将监测成果向社会提供,发挥公益性队伍作用,促进社会经济发展。为此,2013年8月,陕西省地质调查院决定启动"陕西省地下水动态研究"项目,并将出版1986年以来的监测成果作为项目的重要组成部分。项目启动后,我站全面整理了1986—2015年的监测成果,分3卷出版,前两卷分别收录10年和15年的监测数据,后一卷收录2011—2015年的监测成果,同步出版《陕西省地下水质年鉴(1996—2010年)》,将全部监测数据原汁原味地展示在年鉴中,并公布了监测点分布图、监测点基本信息等资料,以期更好地发挥监测数据的社会作用。

今后,我们将每5年出版一卷《陕西省地下水监测年鉴》,当年的水位、水质监测数据,也将通过一定的方式向社会提供。2016年我省将启动国家地下水监测工程,工程实施后,监测点将会覆盖全省行政区域,监测范围包括潜水、承压水等具有供水意义和生态意义的含水层,重点监测城市建设区、矿产资源集中开采区的地下水,为合理开发利用地下水、保护含水层提供科学依据。

在年鉴编辑过程中,得到了陕西省国土资源厅、陕西省地质调查院、各市县国土资源管理部门及地质环境监测站的大力支持,在此,我们一并表示衷心感谢。

陕西省地质环境监测总站
2015年12月10日

目　录

第一章　西安市 ……………………………………………………………………………… (1)
　　一、西安市地下水质监测点基本信息 ……………………………………………… (1)
　　二、西安市地下水质资料 …………………………………………………………… (6)

第二章　咸阳市 ……………………………………………………………………………… (47)
　　一、咸阳市地下水质监测点基本信息 ……………………………………………… (47)
　　二、咸阳市地下水质资料 …………………………………………………………… (48)

第三章　宝鸡市 ……………………………………………………………………………… (61)
　　一、宝鸡市地下水质监测点基本信息 ……………………………………………… (61)
　　二、宝鸡市地下水质资料 …………………………………………………………… (62)

第四章　渭南市 ……………………………………………………………………………… (73)
　　一、渭南市地下水质监测点基本信息 ……………………………………………… (73)
　　二、渭南市地下水质资料 …………………………………………………………… (74)

第五章　汉中市 ……………………………………………………………………………… (83)
　　一、汉中市地下水质监测点基本信息 ……………………………………………… (83)
　　二、汉中市地下水质资料 …………………………………………………………… (84)

第六章　安康市 ……………………………………………………………………………… (91)
　　一、安康市地下水质监测点基本信息 ……………………………………………… (91)
　　二、安康市地下水质资料 …………………………………………………………… (92)

第七章　榆林市 ……………………………………………………………………………… (95)
　　一、榆林市地下水质监测点基本信息 ……………………………………………… (95)
　　二、榆林市地下水质资料 …………………………………………………………… (96)

第八章　铜川市 ……………………………………………………………………………… (99)
　　一、铜川市地下水质监测点基本信息 ……………………………………………… (99)
　　二、铜川市地下水质资料 …………………………………………………………… (100)

编制情况说明 ………………………………………………………………………………… (103)

第一章　西　安　市

一、西安市地下水质监测点基本信息

西安市地下水质监测点基本信息表

序号	点号	位置	地下水类型	页码
1	GX2	西安市西京电气总公司	承压水	
2	C86	西安市电缆厂	承压水	
3	C2	西安市楼阁台村	承压水	
4	C4	西安市皂河水源地	承压水	
5	C4-1	西安市皂河水源地	潜水	
6	C9	西安市锅厂	承压水	
7	C21	西安市煤炭机械厂	承压水	
8	C29	西安电机厂	潜水	
9	C42	西安市秦川机械厂	承压水	
10	C48	国营西安市第四棉纺厂	承压水	
11	C54	陕西省地质矿产勘查开发局	承压水	
12	C64	西安市苗圃	承压水	
13	C65	西安市三爻砖厂	承压水	
14	C79	西安市丈八宾馆	承压水	
15	K79-1 主	西安市农五队	承压水	
16	K80-1	西安市青车村	承压水	
17	＃95-5	西安市西杨善村	承压水	
18	C92	西安市五四四厂	承压水	
19	C98	西安市西安纸厂	承压水	
20	C116	西安市樊家寨	承压水	
21	C173	西安市民用库	承压水	
22	深 3	西安市皂河水源地	承压水	
23	17 深	西安市灞河水源地	承压水	
24	C7	西安市铁一村	承压水	
25	C18	西安市斗门	承压水	
26	CX29	西安市贾里村	承压水	
27	C190	西安市西祝村岩棉厂	承压水	

续表

序号	点号	位置	地下水类型	页码
28	C190-1	西安市祝村岩棉厂	承压水	
29	C130	西安市五二四厂	承压水	
30	C136	西安市鱼化寨省水利机械厂	承压水	
31	C137	西安市三桥镇北部队	承压水	
32	C132	西安市尤家庄	承压水	
33	C141	西安市五奶厂	承压水	
34	C144	西安市未央区草滩街道华山分厂社区	承压水	
35	C146	西安市南党村	承压水	
36	C177	西安市农场场部	承压水	
37	C166	西安市长安县疗养院	承压水	
38	C166-1	西安市长安县自来水公司	承压水	
39	C153	西安市儿童医院	承压水	
40	C167	西安市王曲部队	承压水	
41	C168	西安市陆军学院	承压水	
42	C169	西安市三五一三厂	承压水	
43	C171	西安市新光大队	承压水	
44	C174	西安市杜曲纸厂	承压水	
45	C172	西安市三兆通信大队	承压水	
46	C173-1	西安市民用库	承压水	
47	C176	西安市引镇水站	承压水	
48	C21-1	西安市渭滨水源地	潜水	
49	K234主	西安市北郊北玉峰村西路边	承压水	
50	22深	西安市渭滨水源地	承压水	
51	C178	西安市施家寨	承压水	
52	C182	西安市西留福利院	承压水	
53	C184	西安市秦岭厂	承压水	
54	C4-2	西安市皂河水源地花园井	承压水	
55	20深	西安市灞河水源地	承压水	
56	K79-1付	西安市农五队	潜水	
57	C22	西安市渭滨水源地	承压水	
58	C35-2	西安市沣河水源地(沣水塔)	承压水	
59	C20-1	西安市灞河水源地	潜水	
60	28	西安市沣河水源地	潜水	
61	农11	西安市农场场部	潜水	
62	14	西安市北陶村	潜水	
63	W15	西安市西兴隆	潜水	

续表

序号	点号	位置	地下水类型	页码
64	18	西安市落水村	潜水	
65	66	西安市相小堡村西北纸厂北	潜水	
66	54	西安市阿房三路西安长太特种有限公司	承压水	
67	58	西安市车刘村	潜水	
68	K79-2 浅	西安市农五队	潜水	
69	70	西安市北徐寨	潜水	
70	33	西安市孙围墙村(新军寨东纸厂)	潜水	
71	草 78	西安市五奶厂南	潜水	
72	79	西安市农场五队	潜水	
73	84	西安市鱼化寨街办事处	潜水	
74	146	西安市许士庙	潜水	
75	124	西安市头烧壁西村	潜水	
76	127	西安市土门街心花园	潜水	
77	172	西安市尤家庄	潜水	
78	173	西安市曹家庙	潜水	
79	246	西安市延兴门	潜水	
80	265	西安市周家坡	潜水	
81	139	西安市太白南路东野呼庄(红绿灯向南 100 米)	承压水	
82	191	西安市党校	潜水	
83	275	西安市孙梁村	潜水	
84	166	西安市北郊老洼滩村南机井	潜水	
85	211	西安市徐家堡	潜水	
86	197	西安市新廓门	潜水	
87	228	西安市呼沱寨	潜水	
88	291	西安市鱼化寨鱼南村中浴池	潜水	
89	297	西安市火烧碑陕西龙兴包装有限公司	潜水	
90	297-2	西安市火烧碑西村南二巷 51 号院内	潜水	
91	319	西安市席王村	潜水	
92	294	西安市义井中学	潜水	
93	328	西安市土门街心花园内	潜水	
94	323	西安市阎老门	潜水	
95	335	西安市书院门小学	潜水	
96	341	西安市方新村	潜水	
97	359	西安市南铺村	潜水	

续表

序号	点号	位置	地下水类型	页码
98	255	西安市黄家坡村	潜水	
99	382	西安市秦孟街	潜水	
100	395	西安市牛王庙村西南路边 3 号机井	潜水	
101	501	西安市五曲工商所	潜水	
102	466	西安市务庄	潜水	
103	281	西安市三桥石化大道西段孙家围墙	潜水	
104	468	西安市新筑镇	潜水	
105	501-1	西安市王曲桥西	潜水	
106	502	西安市曹村铸造厂门口	潜水	
107	559	西安市春林中学	潜水	
108	593-1	西安市长安县	潜水	
109	625	西安市周家寨村东	潜水	
110	588	陕西省妇女联合会院内	潜水	
111	28-2	西安市沣河水源地	潜水	
112	585	西安市老人仓丁字路口康福便民站	潜水	
113	755	西安市邓店南村	潜水	
114	沣 28	西安市沣河水源地	潜水	
115	20 浅	西安市灞河水源地	潜水	
116	593	西安市长安县疗养院	潜水	
117	21	西安市灞河水源地	潜水	
118	594	西安市东三爻村	潜水	
119	874	西安市皂河水源地	潜水	
120	4	西安市火烧寨	潜水	
121	J7	西安市灞河水源地	潜水	
122	98-1	西安市马腾空	潜水	
123	98-2	西安市新民村	潜水	
124	239	西安市十里铺	潜水	
125	101	西安市白家口	潜水	
126	609	西安市野呼庄(西斜七路天桥北东)	承压水	
127	612	西安市西万路口	潜水	
128	812	西安市北八元村	潜水	
129	847	西安市祝村	潜水	
130	851	西安市大兆镇	潜水	
131	852	西安市狄寨镇	潜水	
132	856	西安市杜曲税务局	潜水	
133	857-1	西安市引镇	潜水	

续表

序号	点号	位置	地下水类型	页码
134	857	西安市引镇	潜水	
135	858	西安市西留堡乡	潜水	
136	W22	西安市北郊渭滨水源地22号井	承压水	
137	E1	陕西省地质矿产勘查开发局1号井	潜水	
138	K733	西安市沣河水源地	潜水	
139	N7	西安市北郊西安锅厂水井	承压水	
140	K371	西安市北郊玄武路马旗寨	潜水	
141	S38	西安市丈八东路路桥集团第二公路工程公司	承压水	
142	E14	西安市秦川厂	潜水	
143	N25	西安市北郊尤家庄建华木器厂内	承压水	
144	K83-1	西安市沣河水源地28号井	承压水	
145	♯281	西安市孙围墙南民井	潜水	
146	K22	西安市东郊灞河水源地17号	承压水	
147	F16	西安市户县甘亭镇孝义坊孝中村	潜水	
148	GQ27	西安市高陵县岳慧乡江流村	潜水	
149	GQ17	西安市周至县马召乡焦楼村	潜水	
150	K104	西安市皂河水源地花园井	承压水	
151	K83-1主	西安市沣河水源地28号井	承压水	
152	K34	西安市北郊呼沱寨村旺家福库房	潜水	
153	K83-3付	西安市皂河水源地4号井东井	潜水	
154	K234付	西安市北郊北玉峰村西路边(南排)	承压水	
155	K376	西安市东郊等驾坡街道办事处水塔井	潜水	
156	K394	西安市北郊曹家村	潜水	
157	K395	西安市北郊阁老门村南路东(石化大道)	潜水	
158	K413	西安市新廓门(兴庆公园北门东136号)	潜水	
159	E10	西安市十里铺米秦路苏王村水塔井下	承压水	
160	S4	西安市大雁塔苗圃	潜水	
161	E4	西安市秦川厂西北角2号井	承压水	
162	K733主	西安市沣河水源地35号井北井	承压水	
163	K83-4	西安市天台四路腾龙锻压机械有限公司	潜水	
164	K83-1付	西安市沣河水源地28号井	潜水	
165	♯23	西安市渭滨水源地中(10号附近)民井	潜水	

二、西安市地下水质资料

西安市地下水质资料表

点号	年份	pH值	色度	浊度	臭和味	肉眼可见物	阳离子(mg/L) 钾离子	钠离子	钙离子	镁离子	氨氮	三价铁	二价铁	阴离子(mg/L) 氯离子	硫酸根	重碳酸根	碳酸根	硝酸根	亚硝酸根	矿化度	溶解性固体
GX2	1996	7.5					70		49.1	4.3	0.01			25.9	42.3	257.5	0	1	0.003		340
	1997	7.6					63.4		65.1	21.9	<0.01			35.4	61.5	310	0	27.6	0.018		444
	1998	7.3					56.8		71.1	15.8	<0.01			28.4	57.6	300.2	0	24.75	0.014		424
	1999	7.7					71.0		25.0	17.0	0.06			31.9	43.2	238	0	2.5	0.007		320
	2000	8.1					158.4		24.0	3.6	0.24			47.9	64.8	329.5	9	<2.5	0.043		504
	2001	8.1					185.4		16	3.6	0.36			56.7	90.3	323.4	12	<2.5	0.013		538
	2002	7.9					42.6		56.1	6.7	<0.01	<0.08		14.2	26.4	259.3	0	<2.5	<0.003		292
	2003	7.58					0.22	81.61	44.49	3.65	<0.01	0.09		47.72	32.33	252.7	0	2.24	<0.001		413
	2007	7.74					0.66	114	43.4	4.23	<0.01	0.2		58.8	48	310	0	0.76	<0.001		415
	2008	7.46					1.48	84.1	56.4	19.1	0.091	<0.05		18.7	49.8	392	0	15.9	<0.001		417
	2009	7.71					3	70.2	63.5	18.6	0.086	<0.05		20.1	64.4	370	0	18.1	<0.003		474
	2010	7.68					4.19	52.5	104	16.8	0.11	3.68		33.6	68.5	391	0	1.7	0.014		475
C86	1996	8.3					104.9		20	3.6	0.01			38.3	30.3	241	6	<0.01	0.001		346
	1997	8.2					100.1		28.1	0	0.1			41.8	23.1	213.6	18	<2.5	0.01		334
	1998	7.7					110.4		18	2.7	0.01			40.8	27.4	256.3	0	<2.5	0.015		346
	1999	7.8					110.4		18	3	<0.01			42.5	31.2	250.2	0	<2.5	<0.003		346
C2	1998	8.1					128.4		9	0.6	0.28			31.9	40.8	234.9	15	<2.5	<0.003		360
C4	1997	8.2					52.1		59.1	15.2	<0.01			27.3	24	289.8	12	2.77	<0.003		348
C4-1	1999	7.4					109.8		95.2	39.9	0.04			140	96.1	418	0	<2.5	0.337		692
C9	1996	8.2					162.8		18	0	0.1			76.2	39.4	305.1	0	0.8	0.14		466
	1997	8.2					161.2		12	2.4	0.02			78.7	27.9	280.7	12	<2.5	0.37		466
	1998	7.9					160.2		14	1.2	0.12			76.2	29.8	305.1	0	<2.5	0.201		458
	1999	8					164.1		10	3.6	0.3			76.2	33.6	311.2	0	<2.5	0.092		456
C21	1996	7.6					57.6		58.1	10.9	0.01			20.2	52.8	276.4	0	6.5	0.05		348
	1997	7.7					50.3		45.1	19.4	<0.01			22.3	35.1	276.4	0	8.83	0.118		356
	1998	7.8					56.5		53.7	11.8	<0.01			24.8	40.8	268.5	0	9.75	0.062		354
	1999	7.7					54.8		59.1	12.8	0.01			21.3	43.2	286.8	0	11.25	0.075		370
C29	1996	7.5					134.4		76.2	41.9	<0.01			63.1	93.7	472.9	0	100	0.002		722
	1997	7.5					128.2		131.3	6.1	<0.01			61.3	81.7	469.8	0	92.7	0.053		718
	1998	7.6					145.4		71.1	43.7	0.01			63.5	87.4	503.4	0	100	0.035		772
	1999	7.5					135.4		73.1	44.4	0.2			60.3	96.1	509.5	0	71.25	0.01		754
	2000	7.7					104.4		70.1	27.3	<0.01			40.8	77.8	421	0	38.25	0.004		572
	2001	7.6					126.7		86.2	30.4	<0.01			60.3	96.1	463.7	0	62.5	0.016		718
	2002	8.53					1.6	107	86	44	0.14	0.031		78	90	462	3.1	87	0.01		727

COD	可溶性 SiO_2	硬度(以碳酸钙计,mg/L)			毒理学指标,mg/L									取样时间
		总硬	暂硬	永硬	挥发分	氰化物	氟离子	砷	六价铬	铅离子	镉离子	汞离子	锰离子	
0.3	20.3	140.1	140.1	0	<0.001	<0.0008	0.25	<0.002	<0.002	<0.008	<0.008	<0.0005		1996.07.24
0.7	20.1	252.7	252.7	0	<0.001	<0.0008	0.17	<0.002	0.009	<0.008	<0.008	<0.0005		1997.07.09
0.6	19.2	242.7	242.7	0	<0.001	<0.0008	0.28	0.003	<0.005	<0.008	<0.008	<0.0005		1998.07.01
0.5	16.9	132.6	132.6	0	<0.001	<0.0008	0.33	0.04	<0.005	<0.008	<0.008	<0.0005		1999.06.29
1.4	17.1	75.1	75.1	0	<0.001	<0.0008	1.55	0.01	0.01	<0.005	<0.008	<0.005		2000.09.25
1.5	15.6	55	55	0	<0.001	<0.0008	1.9	<0.002	<0.005	<0.008	<0.008	<0.005		2001.08.21
1.1	21	167.7	167.7	0	<0.001	<0.0008	0.27	0.002	<0.005	<0.008	<0.008	<0.005		2002.07.18
0.32	19.16	126	126	0	<0.001	<0.0008	0.24	0.0005	<0.01	<0.005	<0.0005	0.000 04	0.04	2003.07.14
0.81	17	126	126	0	<0.001	<0.001	0.66	0.0011	<0.01	<0.002	<0.0002	0.000 09	<0.05	2007.08.21
0.68	22.4	219	219	0	<0.002	<0.002	0.17	0.0011	<0.01	<0.002	<0.0002	0.000 12	<0.05	2008.08.18
0.64	20.8	235	235	0	<0.002	<0.002	0.24	0.0018	<0.01	<0.002	<0.0002	<0.000 04	<0.05	2009.09.02
1.15	10	329	321	8	<0.002	<0.002	0.16	<0.00 04	<0.01	0.011	<0.0002	<0.000 04	0.57	2010.09.06
0.6	17.8	65.1	65.1	0	<0.001	<0.0008	0.66	0.004	<0.002	<0.008	<0.008	<0.0005		1996.04.11
0.8	17.9	67.6	67.6	0	<0.001	<0.0008	0.54	0.003	0.042	<0.008	<0.008	<0.0005		1997.07.14
1.1	17.9	56.1	56.1	0	<0.001	<0.0008	0.68	<0.002	<0.005	<0.008	<0.008	<0.0005		1998.07.30
0.8	17.4	57.6	57.6	0	<0.001	<0.0008	0.79	<0.002	<0.005	<0.008	<0.008	<0.0005		1999.07.13
2.6	13	25	25	0	<0.001	<0.0008	2.75	0.045	<0.005	<0.008	<0.008	<0.0005		1998.07.29
1.1	17.1	210.2	210.2	0	<0.001	<0.0008	0.22	0.01	<0.005	<0.008	<0.008	<0.0005		1997.07.16
0.9	16.9	400.4	342.8	58	<0.001	<0.0008	0.48	0.005	<0.005	<0.008	<0.008	<0.0005		1999.06.30
2.1	14.5	45	45	0	<0.001	<0.0008	1.51	0.041	<0.002	0.014	<0.008	<0.0005		1996.07.11
1.9	15.4	40	40	0	<0.001	<0.0008	1.17	0.044	<0.005	<0.008	<0.008	<0.0005		1997.07.22
3	14.2	40	40	0	<0.001	<0.0008	1.62	0.045	<0.005	<0.008	<0.008	<0.0005		1998.07.27
1.9	13.9	40	40	0	<0.001	<0.0008	1.41	0.053	<0.005	<0.008	<0.008	<0.0005		1999.07.12
0.7	20.7	190.2	190.2	0	<0.001	<0.0008	0.33	<0.002	0.004	<0.008	<0.008	<0.0005		1996.07.18
0.8	21.3	192.7	192.7	0	<0.001	<0.0008	0.3	<0.002	0.02	<0.008	<0.008	<0.0005		1997.07.15
0.8	20.1	182.7	182.7	0	<0.001	<0.0008	0.45	<0.002	0.025	<0.008	<0.008	<0.0005		1998.07.20
0.5	20	200.2	200.2	0	<0.001	<0.0008	0.45	0.038	0.005	<0.008	<0.008	<0.0005		1999.07.08
0.5	20.1	362.8	352.8	0	<0.001	<0.0008	0.53	<0.002	0.08	<0.008	<0.008	<0.0005		1996.07.16
0.7	18.9	352.8	352.8	0	<0.001	<0.0008	0.38	<0.002	0.092	<0.008	<0.008	<0.0005		1997.07.08
0.6	19.5	357.8	357.8	0	<0.001	<0.0008	0.41	<0.002	0.111	<0.008	<0.008	<0.0005		1998.06.25
0.5	19.2	365.3	365.3	0	<0.001	<0.0008	0.51	<0.002	0.077	<0.008	<0.008	<0.0005		1999.07.14
0.7	20.9	287.8	287.8	0	0.001	<0.0008	0.35	0.002	0.032	<0.008	<0.008	<0.0005		2000.10.10
1.8	19.9	340.3	340.3	0	<0.001	<0.0008	0.49	<0.002	0.035	<0.008	<0.008	<0.0005		2001.08.02
0.5	7	396	44	0	<0.002	<0.0008	0.36	0.001	0.05	<0.002	<0.0002	<0.000 04	<0.01	2012.09.14

续表

点号	年份	pH值	色度	浊度	臭和味	肉眼可见物	阳离子(mg/L)							阴离子(mg/L)						矿化度	溶解性固体
							钾离子	钠离子	钙离子	镁离子	氨氮	三价铁	二价铁	氯离子	硫酸根	重碳酸根	碳酸根	硝酸根	亚硝酸根		
C42	1996	7.3					101.2		107.2	66.3	<0.01			59.9	196.9	495.5	0	80	0.006		846
	1997	7.4					88.3		105.2	60.2	<0.01			56.7	148.9	491.2	0	80	0.007		836
	1998	7.6					99.5		99.2	63.8	<0.01			61.7	142.7	509.5	0	90	0.759		840
	1999	7.4					74.1		119.2	25.5	0.02			46.1	76.8	433.2	0	78.75	0.137		636
C48	1996	8.1					60.4		45.1	18.2	<0.01			18.1	45.6	292.9	0	7	0.026		348
	1997	7.8					98.7		14	5.5	<0.01			29.8	40.8	228.8	0	<2.5	<0.003		330
	1998	8.2					69.2		44.1	17	<0.01			19.1	58.6	277.6	9	<2.5	0.007		372
	1999	7.7					95.2		29.1	10.3	0.2			28.4	57.6	271.5	0	<2.5	0.082		374
C54	1996	7.6					114.4		62.1	12.2	<0.01			123.7	52.8	273.4	0	0.3	<0.001		502
	1997	7.5					89.2		37.1	7.9	<0.01			96.8	21.6	192.2	0	3	<0.003		382
	1998	7.9					136.9		46.1	7.9	<0.01			140	33.6	259.3	0	<2.5	0.137		524
	1999	7.6					114.7		46.1	9.7	0.22			129.4	7.2	262.4	0	<2.5	0.058		474
C64	1996	7.8					62.5		33.1	7.3	0.04			48.2	49.5	155.6	0	1.8	0.018		302
	1997	7.7					120.2		33.1	6.1	<0.01			68.4	72	238	0	2.83	<0.003		454
	1998	7.7					124.2		28.1	9.1	<0.01			78	72	234.9	0	<2.5	<0.003		460
	1999	7.8					121.8		34.1	9.7	0.12			78	76.8	244.1	0	<2.5	0.058		458
C65	1998	7.5					97.1		57.1	22.5	<0.01			24.5	61	404.5	0	20.5	0.009		498
C79	1998	7.5					53		54.1	12.2	<0.01			19.5	50.4	268.5	0	<2.5	0.205		332
K79-1主	1998	8.9					58.9		3	0.6	0.18			8.9	19.2	96.4	16.2	<2.5	0.081		158
	1999	8					52.9		6	1.2	0.01			3.5	12	143.4	0	<2.5	<0.003		154
	2001	9.2					56.3		5	0.6	0.1			8.9	40.8	70.2	15	<2.5	0.248		172
K80-1	1998	8.4					84.5		5	0.6	0.3			60.3	9.6	97	15	<2.5	0.043		238
#95-5	1999	7.7					76.6		22	3	0.42			14.2	14.4	244.1	0	<2.5	0.114		262
C92	1998	7.7					94.3		20	2.4	<0.01			21.36	26.4	253.2	0	<2.5	0.029		308
C98	1996	8.3					73.6		13	0.6	0.28			7.1	13.4	199.5	4.8	<0.1	0.18		234
	1997	8.2					89.3		8	0	0.03			12.4	23.1	192.2	9	<2.5	1.83		264
	1998	8.1					90.8		6	1.2	0.02			12.4	26.4	192.2	9	<2.5	0.006		258
	1999	7.9					87.4		5	1.2	<0.01			10.6	21.6	207.5	0	<2.5	0.018		246
C116	1998	8.1					88.9		17	1.8	0.26			12.4	14.4	233.7	12	<2.5	0.017		282
C173	1999	7.4					35.8		88.2	20.7	0.01			14.2	12	378.3	0	50	0.005		440
深3	1998	7.7					87.7		75.2	37.1	0.06			89.7	72	401.5	0	<2.5	0.36		59.4
17深	1998	7.7					16.5		67.1	10.3	<0.01			10.6	43.2	212.3	0	14.75	0.004		284
C7	1998	7.9					160.1		21.6	5.1	0.06			102.8	61	222.7	0	39	0.619		528
C18	1998	7.9					81		18	1.8	<0.01			12.8	14.4	235.5	0	3.25	0.033		264
	1999	7.7					83.9		15	1.2	0.01			16	12	231.9	0	<2.5	<0.003		258
CX29	1998	7.7					25.8		63.1	8.5	<0.01			6.7	4.3	265.4	0	21.12	0.009		290
	1999	7.6					28.3		23	32.8	0.06			7.1	11	265.4	0	18.75	0.006		284
C190	1999	7.6					37.8		93.2	19.4	0.08			19.5	26.4	393.6	0	21.5	<0.003		416
C190-1	1998	7.7					34.3		98.2	18.2	<0.01			21.3	21.6	390.5	0	27.25	0.008		440

COD	可溶性SiO₂	硬度(以碳酸钙计,mg/L)			毒理学指标,mg/L									取样时间
		总硬	暂硬	永硬	挥发分	氰化物	氟离子	砷	六价铬	铅离子	镉离子	汞离子	锰离子	
0.6	20.6	540.5	406.4	134.1	<0.001	0.001	0.6	<0.002	0.22	<0.008	<0.008	<0.0005		1996.07.16
0.7	20.1	510.5	402.9	107.6	<0.001	0.0013	0.51	<0.002	0.262	<0.008	<0.008	<0.0005		1997.07.08
1.5	20	510.5	417.9	92.6	<0.001	<0.0008	0.48	0.004	0.205	<0.008	<0.008	<0.0005		1998.06.25
0.5	22.8	402.9	355.3	47.6	<0.001	<0.0008	0.26	0.017	0.021	<0.008	<0.008	<0.0005		1999.07.07
0.4	21	187.7	187.7	0	<0.001	<0.0008	0.31	0.003	<0.002	0.02	<0.008	<0.0005		1996.07.15
0.9	12.9	57.6	57.6	0	<0.001	<0.0008	0.41	<0.002	0.005	<0.008	<0.008	<0.0005		1997.07.08
0.8	17.8	180.2	180.2	0	<0.001	<0.0008	0.34	<0.002	<0.005	<0.008	<0.008	<0.0005		1998.06.24
0.6	16	115.1	115.1	0	<0.001	<0.0008	0.49	<0.002	<0.005	<0.008	<0.008	<0.0005		1999.07.14
0.6	19.1	205.2	205.2	0	<0.001	<0.0008	0.53	<0.002	<0.002	<0.008	<0.008	<0.0005		1996.07.25
1	13.1	125.1	125.1	0	<0.001	<0.0008	0.33	<0.002	0.006	<0.008	<0.008	<0.0005		1997.07.08
1.5	18.2	147.6	147.6	0	<0.001	<0.0008	0.51	0.012	<0.005	<0.008	<0.008	<0.0005		1998.07.30
1	17.6	155.1	155.1	0	<0.001	<0.0008	0.44	0.02	<0.005	<0.008	<0.008	<0.0005		1999.07.05
1.3	11.5	112.6	112.6	0	<0.001	<0.0008	0.33	0.002	<0.002	<0.008	<0.008	<0.0005		1996.07.24
0.6	14.9	107.6	107.6	0	<0.001	<0.0008	0.44	0.005	0.006	<0.008	<0.008	<0.0005		1997.07.08
1.4	14.8	107.6	107.6	0	0.002	<0.0008	0.42	<0.002	<0.005	<0.008	<0.008	<0.0005		1998.07.02
0.6	15	125.1	125.1	0	<0.001	<0.0008	0.46	0.022	<0.005	<0.008	<0.008	<0.0005		1999.07.05
0.3	21.4	235.2	235.2	0	<0.001	<0.0008	0.44	<0.002	0.047	0.013	<0.008	<0.0005		1998.06.29
0.9	18.8	185.2	185.2	0	<0.001	<0.0008	0.3	0.007	<0.005	<0.008	<0.008	<0.0005		1998.07.01
2.1	2.2	10	10	0	<0.001	<0.0008	0.3	0.008	<0.005	<0.008	<0.008	<0.0005		1998.07.27
0.9	5	20	20	0	<0.001	<0.0008	0.28	0.019	0.005	0.014	<0.008	<0.0005		1999.07.12
1.1	2.9	15	15	0	<0.001	<0.0008	0.26	<0.002	<0.005	<0.008	<0.008	<0.0005		2001.08.22
2.6	2.6	15	15	0	<0.001	<0.0008	0.42	0.006	<0.005	0.01	<0.008	<0.0005		1998.07.21
1.1	14.3	67.6	67.6	0	<0.001	<0.0008	0.81	0.028	<0.005	<0.008	<0.008	<0.0005		1999.07.12
1.1	17	60.1	60.1	0	<0.001	<0.0008	0.56	0.014	<0.005	<0.008	<0.008	<0.0005		1998.07.30
1.3	14.5	35	35	0	<0.001	<0.0008	1.05	0.025	<0.002	<0.008	<0.008	<0.0005		1996.07.11
1.7	15.2	15	15	0	<0.001	<0.0008	1.66	0.065	<0.005	<0.008	<0.008	<0.0005		1997.07.23
2.3	13.9	20	20	0	<0.001	<0.0008	1.95	0.056	<0.005	<0.008	<0.008	<0.0005		1998.07.30
1.4	14.3	17.5	17.5	0	<0.001	<0.0008	2.04	0.056	<0.005	<0.008	<0.008	<0.0005		1999.07.13
1.6	15	50	50	0	<0.001	<0.0008	0.68	0.02	<0.005	<0.008	<0.008	<0.0005		1998.07.27
1	22.9	305.3	305.3	0	<0.001	<0.0008	0.28	0.042	<0.005	<0.008	<0.008	<0.0005		1999.06.28
1	16.9	340.3	329.3	11	<0.001	<0.0008	0.36	0.005	<0.005	<0.008	<0.008	<0.0005		1998.06.30
0.7	12.6	210.2	174.2	46	<0.001	<0.0008	0.36	<0.002	<0.005	<0.008	<0.008	<0.0005		1998.06.23
1.6	13.8	75.1	75.1	0	<0.001	<0.0008	0.93	0.014	<0.005	<0.008	<0.008	<0.0005		1998.07.21
1.4	14.6	52.5	52.5	0	<0.001	<0.0008	0.95	0.022	<0.005	<0.008	<0.008	<0.0005		1998.06.30
1.6	16.1	42.5	42.5	0	<0.001	<0.0008	0.66	<0.002	<0.005	<0.008	<0.008	<0.0005		1999.08.11
0.4	29.5	192.7	192.7	0	<0.001	<0.0008	0.25	0.004	0.015	<0.008	<0.008	<0.0005		1998.06.29
0.2	29.3	192.7	192.7	0	<0.001	<0.0008	0.32	0.038	0.007	<0.008	<0.008	<0.0005		1999.06.29
0.3	21	312.8	312.8	0	<0.001	<0.0008	0.33	0.032	0.009	<0.008	<0.008	<0.0005		1999.06.29
0.9	19.8	320.3	320.3	0	<0.001	<0.0008	0.28	0.005	0.016	<0.008	<0.008	<0.0005		1998.07.02

续表

点号	年份	pH值	色度	浊度	臭和味	肉眼可见物	阳离子(mg/L)							阴离子(mg/L)						矿化度	溶解性固体
							钾离子	钠离子	钙离子	镁离子	氨氮	三价铁	二价铁	氯离子	硫酸根	重碳酸根	碳酸根	硝酸根	亚硝酸根		
C130	1996	7.7					125.4		22	3.6	0.01			41.8	28.8	309.4	0	<0.1	0.085		382
	1997	8.2					119.1		24	4.3	<0.01			42.5	26.4	278.8	12	<2.5	0.376		384
	1998	8					110.2		20.6	7	0.16			31.9	24.5	305.1	0	<2.5	0.008		366
	1999	8					128.8		17	2.4	0.01			44.3	16.8	308.1	0	<2.5	0.008		376
C136	1996	8.3					75.2		32	5.5	0.01			20.9	30.3	225.8	12	<0.1	<0.001		298
	1997	7.9					70.2		34.1	2.4	<0.01			14.2	19.2	853.2	0	<2.5	<0.003		296
	1998	8.2					72.5		32.1	2.4	0.12			17.4	20.2	210.5	18	<2.5	0.005		282
	1999	7.7					72.2		31.3	4.3	0.16			16	24	250.2	0	<2.5	0.007		282
	2001	7.6					57.2		58.1	13.4	0.22			16	14.4	350.9	0	<2.5	0.005		352
	2002	7.7					74.6		31.1	3.6	0.12	<0.08		17.7	24	250.2	0	<2.5	0.006		284
	2003	8					1.02	59.81	32.06	4.37	<0.01	0.45		12.64	17.7	235	0	0.25	0.067		324
	2004	8.04					0.57	70.7	31.3	3.99	<0.01	<0.08		15.3	18.3	259	0	0.53	<0.001		284
	2005	7.56					1.19	72.8	72.5	4.37	<0.01	<0.1		12.3	17.1	391	0	1.34	<0.001		314
	2008	7.73					0.69	79.5	32.7	4.49	0.091	<0.05		10.3	28.9	277	0	1.02	<0.001		285
	2009	8.03					0.59	77.9	31.4	3.5	0.091	<0.05		12.6	30.3	279	0	1.12	<0.003		305
	2010	8.2					0.59	80.6	39.1	3.49	0.07	0.17		22.5	23.8	277	0	0.3	0.0032		312
C137	1998	7.9					55.9		18	8.5	0.02			6.4	7.2	225.8	0	<2.5	<0.003		228
	1999	7.8					57.5		23	1.8	<0.01			5.3	12	207.5	0	<2.5	0.033		210
C132	1996	7.8					112.1		19	3.6	0.14			36.5	36	265.4	0	<0.1	0.003		352
	1997	7.8					112.9		17	2.4	0.01			36.5	30.3	262.4	0	<2.5	<0.003		356
	1998	7.9					113		16	1.5	0.14			31.9	32.2	260.5	0	<2.5	0.065		348
	1999	7.9					114.8		15	2.4	0.2			37.2	31.2	259.3	0	<2.5	0.092		348
	2010	8.15					0.67	113	40.6	15.4	0.18	0.7		29.7	43.7	377	0	0.036	<0.003		421
C141	1996	7.8					99.2		48.1	20.7	<0.01			43.6	90.3	323.4	0	<0.1	0.024		460
	1997	8.1					98		52.1	14	<0.01			41.8	85.5	295.9	6	<2.5	0.004		446
	1998	7.7					89.6		39.1	22.5	0.1			37.2	76.8	308.1	0	<2.5	<0.003		432
	1999	7.5					100		42.1	22.5	0.04			42.5	81.7	329.5	0	<2.5	<0.003		460
C144	1996	7.8					58.2		11	2.4	0.02			3.5	19.2	169.6	0	<0.1	0.011		184
	1997	7.7					52.2		13	3.6	0.01			5	20.7	161.7	0	<2.5	<0.003		188
	1998	7.8					56.4		10.4	1.6	<0.01			3.5	12	167.8	0	<2.5	0.007		192
	1999	7.8					56.3		11	1.2	0.01			5.3	12	164.7	0	<2.5	0.004		188
C146	1996	8.1					106.4		14	6.1	0.22			31.2	60	225.8	0	<0.1	0.3		336
	1997	7.9					108.3		15	0	0.02			30.1	39.9	230.6	0	<2.5	0.004		334
	1998	8					106.4		13	1.6	0.08			28.4	42.3	227.6	0	<2.5	<0.003		326
	1999	7.8					108.1		12	1.8	<0.01			30.1	36	234.9	0	<2.5	0.092		322
C177	1998	7.7					66.5		34.1	13.4	0.18			19.5	36	268.5	0	<2.5	0.016		320

COD	可溶性 SiO_2	硬度(以碳酸钙计,mg/L)			毒理学指标,mg/L									取样时间
		总硬	暂硬	永硬	挥发分	氰化物	氟离子	砷	六价铬	铅离子	镉离子	汞离子	锰离子	
1.1	15.4	70.1	70.1	0	<0.001	<0.0008	1.02	<0.002	<0.002	<0.008	<0.008	<0.0005		1996.07.18
1.2	16.2	77.6	77.6	0	<0.001	<0.0008	0.89	0.005	0.017	<0.008	<0.008	<0.0005		1997.07.15
1.5	15.2	80.6	80.6	0	<0.001	<0.0008	0.8	<0.002	<0.005	<0.008	<0.008	<0.0005		1998.07.20
1	14.9	52.5	52.5	0	<0.001	<0.0008	0.91	0.019	<0.005	<0.008	<0.008	<0.0005		1999.07.08
0.6	18.9	102.6	102.6	0	<0.001	<0.0008	0.46	0.008	<0.002	<0.008	<0.008	<0.0005		1996.07.23
0.7	16.8	95.1	95.1	0	<0.001	<0.0008	0.33	0.009	<0.005	<0.008	<0.008	<0.0005		1997.07.16
0.8	18.6	90.1	90.1	0	<0.001	<0.0008	0.39	<0.002	<0.005	<0.008	<0.008	<0.0005		1998.06.30
0.3	19.3	95.1	95.1	0	<0.001	<0.0008	0.36	0.014	<0.005	<0.008	<0.005	<0.005		1999.06.30
0.8	20	200.2	200.2	0	<0.001	<0.001	0.29	0.041	<0.005	0.008	<0.008	0.0143		2001.08.27
0.8	18.9	92.6	92.6	0	<0.001	<0.001	0.3	0.007	<0.005	<0.008	<0.008	<0.0005	0.08	2002.07.29
0.32	19.78	98.1	98.1	0	<0.001	<0.0008	0.02	0.0086	<0.01	0.008	<0.0005	0.000 04	0.07	2003.07.22
0.7	18.5	94	94	0	<0.001	<0.0008	0.3	0.0094	<0.01	0.008	<0.0005	0.000 05	<0.05	2004.09.05
0.56	18.7	199	199	0	<0.001	<0.0002	0.1	0.0098	<0.01	<0.005	<0.0005	0.000 06	<0.05	2005.08.11
0.68	18.8	100	100	0	<0.002	<0.002	0.15	0.002	<0.01	<0.002	<0.0002	0.000 07	<0.05	2008.08.18
0.72	18.7	92.8	92.8	0	<0.002	<0.002	0.42	0.0056	<0.01	<0.002	<0.0002	<0.000 04	<0.05	2009.09.02
1.15	15.5	112	112	0	<0.002	<0.002	0.44	0.01	<0.01	<0.002	<0.0002	<0.000 04	0.05	2010.09.06
1.1	15.5	80.1	80.1	0	<0.001	<0.0008	0.85	0.002	<0.005	<0.008	<0.008	<0.0005		1998.07.29
1	15.3	65.1	65.1	0	<0.001	<0.0008	1.02	<0.002	<0.005	<0.008	<0.008	<0.0005		1999.07.13
1	15.2	62.6	62.6	0	<0.001	<0.0008	1.1	0.03	<0.002	<0.008	<0.008	<0.0005		1996.07.17
1.2	15.4	52.5	52.5	0	<0.001	<0.0008	1.05	0.026	<0.005	<0.008	<0.008	<0.0005		1997.07.14
1.5	14.5	46	46	0	<0.001	<0.0008	1.58	0.038	<0.005	<0.008	<0.008	<0.0005		1998.07.21
1.3	14.4	47.5	47.5	0	<0.001	<0.0008	1.32	0.026	<0.005	<0.008	<0.008	<0.0005		1999.07.08
0.99	14.4	165	165	0	<0.002	<0.002	0.41	0.008	<0.01	0.0098	<0.0002	<0.000 04	0.12	2010.09.02
0.6	18	205.2	205.2	0	<0.001	<0.0008	0.54	<0.002	<0.002	<0.008	<0.008	<0.0005		1996.07.22
0.6	17.8	187.7	187.7	0	<0.001	<0.0008	0.4	<0.002	<0.005	<0.008	<0.008	<0.0005		1997.07.22
1.1	16.6	190.2	190.2	0	<0.001	<0.0008	0.58	0.002	<0.005	<0.008	<0.008	<0.0005		1998.07.28
0.4	17.2	197.7	197.7	0	<0.001	<0.0008	0.62	0.02	<0.005	<0.008	<0.008	<0.0005		1999.07.12
1.2	14.3	37.5	37.5	0	<0.001	<0.0008	0.71	0.003	<0.002	<0.008	<0.008	<0.0005		1996.07.18
1.4	14.8	47.5	47.5	0	<0.001	<0.0008	0.65	<0.002	0.006	<0.008	<0.008	<0.0005		1997.07.15
1.6	13.8	32.5	32.5	0	<0.001	<0.0008	0.78	0.012	<0.005	<0.008	<0.008	<0.0005		1998.07.21
1.1	13.8	32.5	32.5	0	<0.001	<0.0008	0.74	0.018	<0.005	<0.008	<0.008	<0.0005		1999.07.08
2	14.6	60.1	60.1	0	<0.001	<0.0008	2.45	0.02	<0.002	<0.008	<0.008	<0.0005		1996.07.17
2	14.4	37.5	37.5	0	<0.001	<0.0008	1.82	0.012	<0.005	<0.008	<0.008	<0.0005		1997.07.22
2.2	14.5	39	39	0	<0.001	<0.0008	2.69	0.015	<0.005	<0.008	<0.008	<0.0005		1998.07.21
1.9	13.7	37.5	37.5	0	<0.001	<0.0008	2.24	0.018	0.005	<0.008	<0.008	<0.0005		1999.07.12
1.2	16.2	140.1	140.1	0	<0.001	<0.0008	0.53	0.002	<0.005	<0.008	<0.008	<0.0005		1998.07.28

续表

点号	年份	pH值	色度	浊度	臭和味	肉眼可见物	阳离子(mg/L)							阴离子(mg/L)						矿化度	溶解性固体
							钾离子	钠离子	钙离子	镁离子	氨氮	三价铁	二价铁	氯离子	硫酸根	重碳酸根	碳酸根	硝酸根	亚硝酸根		
C166	1996	7.8					86.5		53.1	20.7	<0.01			23.4	83.6	341.7	0	7	0.006		448
	1997	7.7					87.9		52.1	19.4	<0.01			22.3	75.9	347.8	0	7	<0.003		452
C166-1	1998	7.5					59.4		85.2	29.8	<0.01			31.2	104.2	360	0	20.5	0.008		516
	1999	7.2					62.9		110.2	35.2	0.01			39	153.7	396.6	0	20.75	0.005		630
C153	1998	7.9					161.7		13	3.6	0.01			88.6	44.7	277.6	0	<2.5	0.091		476
	1999	8					7.9		28.1	0	0.12			14.2	19.2	58	0	<2.5	0.006		104
C167	1998	7.8					30.2		23	1.2	<0.01			1.4	5.8	143.4	0	3.25	0.051		150
	1999	7.8					27.3		25	0.6	0.06			1.8	4.8	140.3	0	2.5	0.004		152
C168	1996	7.5					1.325	10.6	40.1	7.3	<0.01			3.2	22.1	140.3	0	8.8	0.007		186
	1997	7.5					14.8		36.1	9.7	<0.01			4.6	15.8	158.6	0	11.5	0.004		192
	1998	7.9					15.8		40.1	3.6	<0.01			5	17.8	138.5	0	12.75	0.012		186
	1999	7.1					14.4		44.1	4.3	0.02			3.5	19.2	152.5	0	11	<0.003		192
C169	1998	7.5					104.6		52.1	14.3	<0.01			101	66.3	250.2	0	<2.5	<0.003		478
	1999	7.5					107.8		66.1	24.9	0.04			111.7	88.9	299	0	8.5	0.035		574
C171	1996	8.1					28.7		51.1	15.8	0.01			16	50.4	219.7	0	<0.1	<0.001		274
	1997	7.8					32.9		50.1	17	<0.01			23	42.3	231.9	0	<2.5	<0.003		290
	1998	7.7					31.7		51.7	17.3	<0.01			21.3	48	230.6	0	<2.5	0.004		302
	1999	7.8					73.6		27.1	5.5	0.01			12.4	28.8	247.1	0	<2.5	<0.003		274
C174	1998	7.7					34.8		105.2	24.9	0.06			26.9	92.2	361.2	0	13.5	0.005		486
	1999	7.7					51.2		50.1	9.1	0.02			12.4	40.8	256.3	0	4.75	0.035		312
C172	1996	8					168.3		21	8.5	0.1			86.5	108.1	265.4	0	2	0.005		524
	1997	8					135		40.1	17	<0.01			61.3	100.9	308.1	6	11.67	0.029		546
	1998	7.9					132.9		43.1	17.6	<0.01			56.7	100.9	335.6	0	11	0.039		560
	1999	7.6					133.1		46.1	17.6	0.02			60.3	110.5	329.5	0	8.5	0.019		560
	2001	7.7					129		46.1	18.8	0.01			80.8	114.3	289.8	0	3	0.016		554
	2002	7.7					141.3		36.1	20.1	0.1	<0.08		56.7	110.5	335.6	0	12.25	0.067		556
	2003	7.54					0.77	111.3	48.1	19.93	<0.01	0.07		72.82	106	286.6	0	4.84	0.0044		607
	2004	7.92					1.12	120	47.1	19.3	<0.01	0.05		72.8	105	294	0	2.56	0.013		552
	2005	7.36					1.88	132	68.1	21.1	<0.01	<0.1		56.4	106	422	0	9.36	<0.001		565
	2008	7.47					0.99	134	65.8	20.1	0.088	<0.05		47.8	132	373	0	8.16	0.72		633
	2009	7.62					1.1	139	48.3	23.8	0.056	<0.05		58.7	150	349	0	6.03	1.41		644
	2010	7.97					1.19	139	36.3	21.9	0.25	0.49		69.1	119	326	0	7.5	0.069		570
C173-1	1998	7.6					40.2		88.2	20.7	<0.01			13.8	15.4	393.6	0	42.75	0.013		424
C176	1998	7.8					29.2		55.1	7.9	<0.01			4.6	8.2	257.5	0	9.25	0.008		254
	1999	7.4					28.7		58.1	10.3	0.01			5.3	14.4	262.4	0	15.5	0.005		280
C21-1	1999	7.5					96.6		54.1	30.4	<0.01			72.7	74.4	353.9	0	<2.5	0.011		508

COD	可溶性 SiO_2	硬度(以碳酸钙计,mg/L)			毒理学指标,mg/L									取样时间
		总硬	暂硬	永硬	挥发分	氰化物	氟离子	砷	六价铬	铅离子	镉离子	汞离子	锰离子	
0.5	21.9	217.7	217.7	0	<0.001	<0.0008	0.59	0.002	0.002	<0.008	<0.008	<0.0005		1996.07.25
0.6	21	210.2	210.2	0	0.001	<0.0008	0.42	<0.002	0.033	<0.008	<0.008	<0.0005		1997.07.09
1.1	20.5	335.3	295.3	40	<0.001	<0.0008	0.43	<0.002	0.013	<0.008	<0.008	<0.0005		1998.07.02
1	19.8	420.4	325.3	95.1	<0.001	<0.0008	0.66	0.053	<0.005	<0.008	<0.008	<0.0005		1999.06.28
2.4	14	47.5	47.5	0	<0.001	<0.0008	1.07	0.082	<0.005	<0.008	<0.008	<0.0005		1998.07.30
0.6	4	70.1	47.5	22.6	<0.001	<0.0008	0.2	0.017	<0.005	<0.008	<0.008	<0.0005		1999.07.05
0.5	22.9	62.6	62.6	0	0.001	<0.0008	0.24	<0.002	<0.005	<0.008	<0.008	<0.0005		1998.06.29
0.2	22.7	65.1	65.1	0	<0.001	0.0017	0.34	0.02	<0.005	<0.008	<0.008	<0.0005		1999.07.01
0.7	27.7	130.1	115.1	15	0.001	<0.0008	0.15	<0.002	<0.002	<0.008	<0.008	<0.0005		1996.07.25
0.6	27.7	130.1	130.1	0	0.001	<0.0008	0.14	<0.002	0.012	<0.008	<0.008	<0.0005		1997.07.09
0.5	26.9	115.1	113.6	1.5	0.001	<0.0008	0.13	<0.002	<0.005	<0.008	<0.008	<0.0005		1998.06.29
0.2	26.5	127.6	125.1	2.5	<0.001	<0.0008	0.22	0.018	<0.005	<0.008	<0.008	<0.0005		1999.07.01
0.9	19.9	189.2	189.2	0	<0.001	<0.0008	<0.48	0.01	<0.005	<0.008	<0.008	0.0049		1998.07.30
0.6	19.7	267.7	245.2	22.5	<0.001	<0.0008	0.47	0.008	0.005	<0.008	<0.008	<0.0005		1999.07.05
0.5	16.2	192.7	180.2	12.5	<0.001	<0.0008	0.45	<0.002	<0.002	<0.008	<0.008	<0.0005		1996.07.18
0.6	16.9	195.2	190.2	5	<0.001	<0.0008	0.36	<0.002	<0.005	<0.008	<0.008	<0.0005		1997.07.22
0.8	14.9	200.2	189.2	11	<0.001	<0.0008	0.5	<0.002	<0.005	<0.008	<0.008	<0.0005		1998.07.20
0.7	16.3	90.1	90.1	0	<0.001	<0.0008	0.41	0.03	<0.005	<0.008	<0.008	<0.0005		1999.07.08
2.4	18.4	365.3	296.3	69	<0.001	<0.0008	0.22	0.008	<0.005	<0.008	<0.008	<0.0005		1998.06.29
1.4	19	162.6	162.6	0	<0.001	<0.0008	0.21	0.044	0.007	<0.008	<0.008	<0.0005		1999.06.28
0.7	14.7	87.69	87.6	0	<0.001	<0.0008	0.79	0.013	0.012	<0.008	<0.008	<0.0005		1996.07.16
0.8	19.7	170.2	170.2	0	<0.001	<0.0008	0.46	0.006	0.033	<0.008	<0.008	<0.0005		1997.07.08
1	18.9	180.2	180.2	0	<0.001	<0.0008	0.47	<0.002	0.041	<0.008	<0.008	<0.0005		1998.07.01
0.4	19	187.7	187.7	0	<0.001	<0.0008	0.42	0.011	0.027	<0.008	<0.008	<0.0005		1999.07.05
0.6	16.8	192.7	192.7	0	<0.001	<0.0008	0.53	0.01	0.005	<0.008	<0.008	<0.0005		2001.08.29
0.7	18.5	172.7	172.7	0	<0.001	<0.0008	0.51	0.003	0.035	<0.008	<0.008	<0.0005	<0.02	2002.07.25
0.4	17.69	202	202	0	<0.001	<0.0008	0.15	0.0007	<0.01	<0.005	<0.0005	0.000 05	0.02	2003.07.14
0.44	17.1	197	197	0	<0.001	<0.0008	0.35	0.007	<0.01	<0.005	<0.0005	0.000 06	<0.05	2004.09.05
0.84	16.9	256.8	256.8	0	<0.001	<0.002	0.38	0.0054	0.025	<0.005	<0.0005	0.000 05	0.13	2005.08.09
1.35	16.9	247	247	0	<0.002	<0.002	0.46	0.0025	0.033	<0.002	<0.0002	0.000 18	<0.05	2008.08.18
1.02	18.7	219	219	0	<0.002	<0.002	0.44	0.0061	0.011	<0.002	<0.0002	<0.000 04	<0.05	2009.09.02
1.73	16.4	181	181	0	<0.002	<0.002	0.57	0.005	0.058	0.033	0.026	<0.000 04	0.07	2010.09.06
0.6	23.1	305.2	305.2	0	<0.001	<0.0008	0.24	0.002	0.032	<0.008	<0.008	<0.0005		1998.06.29
0.5	23.7	170.2	170.2	0	<0.001	<0.0008	0.25	<0.002	0.012	<0.008	<0.008	<0.0005		1998.06.29
1.4	23.4	187.7	187.7	0	<0.001	<0.0008	0.31	0.046	0.024	<0.008	<0.008	<0.0005		1999.06.28
1.4	13.5	260.2	260.2	0	<0.001	<0.0008	0.53	0.024	<0.005	<0.008	<0.008	<0.0005		1999.07.12

续表

点号	年份	pH值	色度	浊度	臭和味	肉眼可见物	阳离子(mg/L)							阴离子(mg/L)						矿化度	溶解性固体
							钾离子	钠离子	钙离子	镁离子	氨氮	三价铁	二价铁	氯离子	硫酸根	重碳酸根	碳酸根	硝酸根	亚硝酸根		
K234主	1996	8.2						218.2	9	9.1	4.5			155.3	16.8	353.9	12	<0.1	0.26		606
	1997	7.7						160.1	32.1	29.2	22			107.4	85.5	442.4	0	3.17	3.182		630
	1998	7.8						157.4	13	24.9	15			104.6	62.4	361.8	0	5.5	4.909		556
	2000	8.2						161.8	18	14.6	6.5			117	31.2	305.1	15	<2.5	2.128		500
	2001	7.8						161.3	14	20.1	0.2			109.9	50.4	311.2	0	<2.5	5.61		518
	2002	8.5						163.4	8.4	19.4	<0.01	0.08		114.3	27.9	294.4	15	<2.5	0.446		503
	2003	8.62					31.76	134.4	13.23	21.15	<0.01		2.24	107.9	10.68	280.9	34.68	3.57	<0.001		539
	2004	8.62					31.4	133	8.22	20.6	<0.01		0.59	121	7.33	290	13	0.45	<0.001		463
	2005	8.3					32.4	147	29.7	19.7	<0.01		0.37	95.9	4.71	388	33.2	1.97	<0.001		486
	2006	8.73						132	29	28.2	19.6	<0.02		2.75	110	3.82	336	29.9	1.06	0.19		526
	2007	8.17					29.6	159	8.1	21.5	0.67		<0.05	123	2.23	388	0	10.6	0.49		535
	2008	8.28					33	152	5.9	20.6	0.23		<0.05	122	2.32	361	0	6.28	<0.001		556
	2009	8.2					26.2	153	4.42	21	0.16		<0.05	108	32.3	346	0	1.25	<0.003		553
	2010	8.24					28.6	132	11.6	21.8	0.32		4.44	141	6.6	296	5.1	0.88	<0.003		500
22深	1998	7.9						110.6	40.1	23.7	0.02			65.6	96.1	299	0	<2.5	0.366		494
C178	1996	7.8						63.4	27.1	5.5	0.02			11	11	244.1	0	1.2	<0.001		254
	1997	8						63.9	30.1	3	<0.01			10.6	13.4	241	0	<2.5	<0.003		246
	1998	7.5						60.8	26.1	4.4	0.12			7.1	7.7	241	0	<2.5	0.01		238
	1999	7.7						65.6	26.1	4.3	<0.01			10.6	12	241	0	<2.5	0.015		248
C182	1998	7.8						73.2	32.1	0.6	<0.01			14.2	85.5	161.7	0	<2.5	0.192		320
	1999	7.7						70.4	17	10.3	0.38			14.2	73.5	173.9	0	<2.5	0.021		302
C184	1996	7.7						100	52.1	18.8	<0.01			47.5	86.5	323.4	0	3.6	0.022		478
	1997	7.6						116.8	42.1	15.8	<0.01			50.7	81.7	320.3	0	6.17	0.004		486
	1998	8.1						124.3	34.1	17.6	<0.01			51	75.4	314.2	9	5.9	0.01		490
	1999	7.4						96.9	53.1	27.9	0.04			35.4	67.2	387.5	0	25.75	0.003		506
C4-2	1996	8.1						53.6	57.1	15.2	0.02			24.1	27.9	314.2	0	1.4	<0.001		344
	1999	7.7						50.5	17	4.3	0.06			7.1	14.4	177	0	<2.5	0.003		192
20深	1996	7.6						18	43.1	10.3	<0.01			8.5	16.8	187.9	0	7	0.01		214
	1997	7.5						19.9	47.1	8.5	<0.01			8.2	26.4	183.1	0	8.4	0.003		230
	1998	7.7						23.7	43.1	8.5	<0.01			7.4	24	186.1	0	7.5	0.005		218
K79-1付	2000	8.3						56.9	8	2.4	0.32			7.1	19.2	119	15	2.5	0.049		166
C22	1996	8.1						98.2	44.1	23.1	0.02			61	98.5	280.7	0	<0.01	0.006		470
	1997	8.1						95.4	44.1	20.1	<0.01			60.3	87.9	258.1	7.2	<2.5	<0.003		464
	1999	7.7						103	44.1	24.9	0.36			65.6	100.9	292.9	0	<2.5	0.005		484

COD	可溶性SiO_2	硬度(以碳酸钙计,mg/L)			毒理学指标,mg/L									取样时间
		总硬	暂硬	永硬	挥发分	氰化物	氟离子	砷	六价铬	铅离子	镉离子	汞离子	锰离子	
3.3	3.2	60.1	60.1	0	<0.001	<0.0008	1.17	<0.002	<0.002	0.021	<0.008	<0.0005		1996.07.22
6.3	5.3	200.2	200.2	0	0.01	0.0011	0.43	<0.002	<0.005	<0.008	<0.008	<0.0005		1997.07.22
5.7	1	135.1	135.1	0	<0.001	0.0022	0.63	<0.002	<0.005	<0.008	<0.008	<0.0005		1998.07.27
2.9	2.2	105.1	105.1	0	<0.001	<0.0008	0.32	<0.002	0.028	<0.008	<0.008	<0.0005		2000.10.19
5.7	1.5	117.6	117.6	0	<0.001	<0.0008	0.54	<0.002	<0.005	<0.008	<0.008	<0.0005		2001.08.23
2.2	1.1	101.1	101.1	0	<0.001	<0.0008	0.4	0.006	<0.005	<0.008	<0.008	<0.0005	0.06	2002.07.23
2.72	1.18	120	120	0	<0.001	<0.0008	0.09	0.0009	<0.01	0.011	<0.0005	0.000 45	0.18	2003.07.15
0.56	1.69	106	106	0	<0.001	<0.0008	0.34	0.0001	<0.01	0.016	<0.0005	0.000 05	0.16	2004.08.26
1.64	1.35	155	155	0	<0.001	<0.0002	0.22	0.000 76	<0.01	<0.005	<0.0005	0.000 05	<0.05	2005.08.10
1.69	1.15	151	151	0	<0.002	<0.002	0.17	0.000 41	<0.01	<0.005	<0.0005	0.000 05	0.3	2006.08.24
2.07	0.93	109	109	0	<0.001	0.0024	0.34	0.000 62	<0.01	<0.002	<0.0002	0.000 08	0.07	2007.08.21
1.69	0.94	100	100	0	<0.002	0.002	0.37	0.000 53	<0.01	<0.002	<0.0002	0.000 11	<0.05	2008.08.11
1.72	1.98	97.5	97.5	0	<0.002	<0.002	0.34	<0.0004	<0.01	<0.002	<0.0002	<0.000 04	<0.05	2009.09.03
1.48	0.16	119	119	0	<0.002	<0.002	0.34	<0.0004	<0.01	0.048	<0.0002	<0.000 04	0.3	2010.09.02
1.6	14.8	197.7	197.7	0	<0.001	<0.0008	0.74	<0.002	<0.005	<0.008	<0.008	<0.0005		1998.07.27
0.7	16.1	90.1	90.1	0	<0.001	<0.0008	0.55	0.019	<0.002	<0.008	<0.008	<0.0005		1996.07.22
1.1	16.9	87.6	87.6	0	<0.001	<0.0008	0.37	0.01	<0.005	<0.008	<0.008	<0.0005		1997.07.22
1.6	15.9	83.1	83.1	0	<0.001	<0.0008	0.66	0.008	<0.005	<0.008	<0.008	<0.0005		1998.07.28
1.5	16.3	82.6	82.6	0	<0.001	<0.0008	0.74	<0.002	<0.005	<0.008	<0.008	<0.0005		1999.07.13
1.1	19.5	82.6	82.6	0	0.002	<0.0008	2.82	<0.002	<0.005	<0.008	<0.008	<0.0005		1998.07.02
1.1	19.7	85.1	85.1	0	<0.001	<0.0008	2.88	0.04	<0.005	<0.008	<0.0005			1999.06.29
0.6	18	207.7	207.7	0	<0.001	<0.0008	1.1	0.004	0.012	<0.008	<0.008	<0.0005		1996.07.15
0.7	17.4	170.2	170.2	0	<0.001	<0.0008	1	0.005	0.014	<0.008	<0.008	<0.0005		1997.07.08
0.7	17.4	157.6	157.6	0	<0.001	<0.0008	1.15	<0.002	0.011	<0.008	<0.008	<0.0005		1998.06.24
0.5	21.2	247.7	247.7	0	<0.001	<0.0008	0.56	0.017	0.048	<0.008	<0.008	<0.0005		1999.07.07
0.9	18	205.2	205.2	0	<0.001	<0.0008	0.21	0.012	<0.002	<0.008	<0.008	<0.0005		1996.07.23
0.9	14.2	60.1	60.1	0										1999.06.30
0.3	17.4	150.1	150.1	0	<0.001	<0.0008	0.31	<0.002	0.002	<0.008	<0.008	<0.0005		1996.07.15
0.9	17	152.6	150.1	2.5	<0.001	<0.0008	0.28	<0.002	0.006	<0.008	<0.008	<0.0005		1997.07.08
0.7	18	142.6	142.6	0	<0.001	<0.0008	0.36	<0.002	<0.005	<0.008	<0.008	<0.0005		1998.06.23
1.1	4	30	30	0	<0.001	<0.0008	0.28	<0.002	0.019	<0.008	<0.008	<0.0005		2000.10.19
0.7	16.1	205.2	205.2	0	<0.001	<0.0008	0.56	<0.002	<0.002	<0.008	<0.008	<0.0005		1996.07.17
0.7	16.5	192.7	192.7	0	<0.001	<0.0008	0.46	<0.002	<0.005	<0.008	<0.008	<0.0005		1997.07.22
0.8	15.9	212.7	212.7	0	<0.001	<0.0008	0.6	0.016	<0.005	<0.008	<0.008	<0.0005		1999.07.12

续表

点号	年份	pH值	色度	浊度	臭和味	肉眼可见物	阳离子(mg/L) 钾离子	钠离子	钙离子	镁离子	氨氮	三价铁	二价铁	阴离子(mg/L) 氯离子	硫酸根	重碳酸根	碳酸根	硝酸根	亚硝酸根	矿化度	溶解性固体
C35-2	1996	7.7					17.9		50.1	4.3	0.02			5.7	27.9	175.7	0	0.6	<0.001		208
	1997	7.3					17.3		47.1	6.7	<0.01			5.3	26.4	180	0	<2.5	<0.003		210
	1999	7.7					12.4		40.1	12.2	0.24			7.1	21.6	177	0	<2.5	<0.003		200
C20-1	1999	7.4					44.9		87.2	14.6	0.2			28.4	62.4	302	0	28.75	0.069		434
28	1997	7.5					20.7		66.1	30.4	<0.01			14.2	122.5	228.8	0	<2.5	0.033		384
	1999	7.8					28.6		38.1	5.5	0.12			7.1	33.6	164.7	0	<2.5	0.092		218
农 11	1998	7.8					70.4		35.1	13.4	0.16			23	34.6	277.6	0	<2.5	<0.003		324
14	1998	7.1					87.2		153.3	58.9	0.18			85.1	336.2	421	0	<2.5	0.004		922
	1999	7.1					30.9		144.3	17.6	0.16			24.8	165.7	357	0	<2.5	0.158		576
W15	1998	7.5					206.1		57.1	49.6	0.7			92.2	147.9	625.4	0	<2.5	0.004		866
18	1996	7.4					136.4		76.2	49.2	0.02			70.2	44.7	663.3	0	<0.1	<0.001		712
	1997	7.7					86.5		61.1	41.9	<0.01			39	69.6	463.7	0	6.67	0.031		544
	1998	7.5					83.3		69.1	40.7	0.01			36.9	62.4	483.3	0	10	0.004		560
	1999	7.3					79.8		38.1	68.7	0.02			40.8	60	518.7	0	7.5	<0.003		584
66	1998	7.5					281.7		111.2	43.4	0.06			156	260.3	704.8	0	<2.5	0.01		1232
	1999	7.3					172.1		130.3	47.4	0.34			152.4	182.5	598	0	<2.5	0.016		984
54	1996	7.5					136.7		144.3	151.3	<0.01			356.3	220	649.2	0	20	<0.001		1442
	1997	7.5					122.7		306.6	18.8	<0.01			339.3	159	533.9	0	28.67	4.18		1250
	1998	7.4					134.9		143.3	132.3	<0.01			343.9	162.3	616.3	0	44.25	0.039		1348
	1999	7.5					121.6		178.4	46.8	0.2			230.4	132.1	500.3	0	37	0.01		1046
	2000	7.7					116.1		113.2	106.9	<0.01			246.4	132.1	561.4	0	37	0.004		1044
	2001	7.5					118.2		116.2	105.1	<0.01			219.1	136.9	610.2	0	34.75	0.005		998
	2002	7.5					121.3		113.2	102.1	<0.01	<0.08		223.3	127.3	601	0	32.5	<0.003		1034
	2003	7.2					1.5	101.6	114.2	99.89	<0.01	0.05		208.7	117.7	474.7	46.3	27.19	0.0081		1129
	2004	7.29					1.06	116	115	104	<0.01	0.05		191	133	646	0	26.5	<0.001		1110
	2005	7.26					1.68	66.4	64.1	12.4	<0.01	0.6		28.9	54.6	308	3.02	2.79	<0.001		428
	2008	7.52					1.04	113	83.6	78.9	0.13	<0.05		88	148	595	0	67.5	0.012		834
	2009	7.51					1.05	98.7	66.7	80.8	0.032	<0.05		78.5	124	582	0	50.2	0.018		785
	2010	7.55					1.09	143	89.6	70.2	0.16	0.01		109	151	585	0	67.7	0.14		953
58	1998	7.5					192.7		92.6	67.8	<0.01			134.7	182.5	558.3	0	113.3	0.006		1100
K79-2浅	1998	7.9					96.3		21	0	0.9			120.5	52.8	47.6	0	<2.5	0.228		326
	1999	7.7					94.2		20	1.2	0.12			122.3	50.4	42.7	0	<2.5	0.124		324
70	1996	7.5					153.3		92.2	41.3	0.01			112	183	460.7	0	9	<0.001		822
	1997	7.6					117.6		79.2	35.2	<0.01			87.9	126.3	414.9	0	3.17	0.028		664
	1998	7.6					169.8		132.9	74.6	0.04			134.7	188.3	671.2	0	89	0.034		1144
	1999	7.4					161.6		96.2	51.6	0.2			115.2	187.3	537	0	8.5	0.055		912

COD	可溶性 SiO_2	硬度(以碳酸钙计,mg/L)			毒理学指标,mg/L									取样时间
		总硬	暂硬	永硬	挥发分	氰化物	氟离子	砷	六价铬	铅离子	镉离子	汞离子	锰离子	
0.8	18	142.6	142.6	0	<0.001	<0.0008	0.29	<0.002	<0.002	<0.008	<0.008	<0.0005		1996.07.23
1	13.7	145.1	145.1	0	<0.001	<0.0008	0.26	<0.002	<0.005	<0.008	<0.008	<0.0005		1997.07.16
0.8	17.4	150.1	145.1	5	<0.001	<0.0008	0.28	0.016	<0.005	<0.008	<0.008	<0.0005		1999.06.30
0.4	12.5	277.7	247.7	30	<0.001	<0.0008	0.41	<0.002	0.008	<0.008	<0.008	<0.0005		1999.07.14
1	11.8	290.3	187.7	102.6	<0.001	<0.0008	0.13	<0.002	<0.005	<0.008	<0.008	<0.0005		1997.07.16
0.5	15.5	117.6	117.6	0	<0.001	<0.0008	0.22	0.015	<0.005	<0.008	<0.008	<0.0005		1999.06.30
1.4	16.2	142.6	142.6	0	<0.001	<0.0008	0.53	<0.002	<0.005	<0.008	<0.008	<0.0005		1998.07.28
1.1	18.9	625.6	345.3	280.3	<0.001	<0.0008	0.35	<0.002	<0.005	<0.008	<0.008	<0.0005		1998.07.30
0.9	14.2	432.9	292.8	140.1	<0.001	<0.0008	0.2	0.012	0.006	<0.008	<0.008	<0.0005		1999.06.30
1.6	11.3	346.8	346.8	0	<0.001	<0.0008	1.02	0.003	<0.005	<0.008	<0.008	<0.0005		1998.07.21
1.6	16.1	392.9	392.9	0	<0.001	<0.0008	0.45	<0.002	<0.002	<0.008	<0.008	<0.0005		1996.07.23
0.6	17.4	325.3	325.3	0	<0.001	<0.0008	0.42	<0.002	<0.005	<0.008	<0.008	<0.0005		1997.07.16
0.7	18.5	340.3	340.3	0	<0.001	<0.0008	0.5	<0.002	<0.005	<0.008	<0.008	<0.0005		1998.06.30
0.4	19.2	377.8	377.8	0	<0.001	0.0012	0.49	0.01	<0.005	<0.008	<0.008	<0.0005		1999.06.30
2.5	16.2	456.4	456.4	0	<0.001	<0.0008	0.43	0.002	<0.005	<0.008	<0.008	<0.0005		1998.07.28
1.6	18.3	520.5	490.4	30.1	0.001	<0.0008	0.48	<0.002	<0.005	<0.008	<0.008	<0.0005		1999.07.13
1.6	20.4	983.4	532.5	450.9	<0.001	0.0013	0.55	<0.002	<0.002	<0.008	<0.008	<0.0005		1996.07.11
2.4	20.5	843.3	437.9	405.4	<0.001	0.0024	0.4	<0.002	<0.005	<0.008	<0.008	<0.0005		1997.07.22
1.3	19.1	902.3	505.5	396.8	<0.001	0.019	0.58	<0.002	<0.005	<0.008	<0.008	<0.0005		1998.07.30
0.6	17.4	638.1	410.4	227.7	<0.001	<0.0008	0.72	0.018	0.011	<0.008	<0.008	<0.0005		1999.07.15
0.9	18.9	723.2	460.4	262.8	<0.001	0.0011	0.69	<0.002	0.007	<0.008	<0.008	<0.0005		2000.09.26
0.8	19.1	723.2	500.5	222.7	<0.001	<0.0008	0.74	<0.002	0.007	<0.008	<0.008	<0.0005		2001.08.27
1.3	19.5	703.1	492.9	210.2	<0.001	<0.0008	0.51	0.004	0.008	<0.008	<0.008	<0.0005	<0.02	2002.07.18
0.32	19.35	697	466	231	<0.001	<0.0008	0.23	0.0006	0.015	<0.005	<0.0005	0.000 03	<0.05	2003.07.21
0.44	20.2	716	530	186	<0.001	<0.0008	0.45	0.0011	0.015	<0.005	<0.0005	0.000 04	<0.05	2004.08.30
0.88	16	211	211	0	<0.001	<0.0002	0.05	0.00038	<0.01	<0.005	<0.0005	0.000 04	0.39	2005.08.11
0.72	18.2	534	487	47	<0.001	<0.001	0.37	0.002	0.027	<0.002	<0.0002	0.0001	<0.05	2008.08.14
1.16	18.6	499	477	22	<0.002	<0.002	0.56	0.0063	0.023	<0.002	<0.0002	<0.000 04	<0.05	2009.09.08
1.32	16.8	513	480	33	<0.002	<0.002	0.55	0.001	0.042	<0.002	<0.0002	<0.000 04	0.02	2010.09.06
1.1	17.4	510.5	457.9	52.6	<0.001	0.0028	0.54	<0.002	0.055	<0.008	<0.008	0.0006		1998.07.30
2.1	2.2	52.5	39	13.5	<0.001	<0.0008	2.34	0.002	<0.005	0.026	<0.008	<0.0005		1998.07.27
1.6	3.1	55	35	20	<0.001	<0.0008	1.99	0.033	0.01	<0.008	<0.008	<0.0005		1999.07.12
0.6	16.3	400.4	377.8	22.6	<0.001	<0.0008	0.35	<0.002	<0.002	<0.008	<0.008	<0.0005		1996.07.22
0.7	14	342.8	340.3	2.5	<0.001	<0.0008	0.24	<0.002	<0.005	<0.008	<0.008	<0.0005		1997.07.22
1.3	17.7	639.1	550.5	88.6	<0.001	0.0192	0.63	0.015	0.009	<0.008	<0.008	<0.0005		1998.07.28
0.7	13.7	452.9	440.4	12.5	0.001	<0.0008	0.55	<0.002	0.007	<0.008	<0.008	<0.0005		1999.07.13

续表

点号	年份	pH值	色度	浊度	臭和味	肉眼可见物	阳离子(mg/L)					三价铁	二价铁	阴离子(mg/L)						矿化度	溶解性固体
							钾离子	钠离子	钙离子	镁离子	氨氮			氯离子	硫酸根	重碳酸根	碳酸根	硝酸根	亚硝酸根		
33	1996	7.4						246.4	104.2	66.9	0.02			191.1	223.8	692.6	0	1	<0.001		1196
	1997	7.5						209.4	147.3	72.3	0.08			166.6	374.6	604.1	0	<2.5	0.385		1312
	1998	7.6						250.7	117.8	69.5	0.01			195	247.4	723.1	0	<2.5	0.008		1312
	1999	7.5						139.2	125.2	64.4	<0.01			102.8	259.4	567.5	0	<2.5	0.011		944
草78	1996	7.7						68.3	79.2	27.4	0.02			46.4	103.3	347.8	0	0.1	0.22		506
	1997	7.7						106.1	86.2	35.8	14			70.9	75.9	549.2	0	<2.5	2.651		668
	1998	7.5						150.3	111.2	49.2	7.5			104.6	126.3	669.4	0	<2.5	0.016		882
	1999	7.1						180.4	139.3	58.3	11			138.3	139.3	817.6	0	<2.5	0.218		1088
79	1996	8						88.3	22	1.8	0.02			114.9	43.2	54.9	0	3	<0.001		320
	1997	7.8						84.7	36.1	0	0.02			118.8	63.9	42.7	0	6.43	0.004		352
84	1996	7.5						60.1	99.2	49.8	<0.01			76.9	151.8	323.4	0	64	0.035		698
	1997	7.2						56.7	138.3	48.6	<0.01			78	134.5	421	0	90.7	0.032		774
	1998	7.4						68.3	139.3	34.6	0.01			71.6	113.8	442.4	0	70	0.036		698
	1999	7.1						56.8	101.2	91.7	0.01			79.8	124.9	540	0	85	0.018		832
146	1998	7.7						469.2	159.3	140.1	<0.01			322.6	504.3	646.8	0	600	0.036		2590
124	1996	7.6						205.2	87.2	108.8	<0.01			138.3	235.8	720	0	100	0.013		1220
	1997	7.5						287	140.3	111.2	<0.01			253.5	387.1	585.8	0	236.6	0.054		1696
	1998	7.4						205.6	101.2	101.5	0.01			128.3	254.6	713.9	0	106.67	0.023		1262
	1999	7.3						228.7	105.2	128.8	0.1			207.4	297.8	680.4	0	161.25	0.012		1458
	2002	7.5						251.2	84.2	96	0.8		0.084	124.1	281	787.1	0	49	1.32		1346
127	1996	7.7						127.4	83.2	71.1	0.02			127.6	155.1	504	0	90	0.006		938
	1997	8						139.5	166.3	20.7	0.02			132.9	123	497.3	0	99.65	0.025		940
	1998	7.7						14.8	33.1	4.9	<0.01			10.6	31.2	100.7	0	5.75	0.019		164
	1999	7.6						113.8	88.2	41.3	0.2			78	146.5	384.4	0	75	0.017		750
172	1996	7.8						113.1	18	6.1	0.12			36.2	36	365.4	0	<0.1	0.22		352
	1997							398.5	100.2	175	<0.01			430.8	511.5	616.3	27	181.32	0.038		2176
	1998	7.7						384.1	49.7	140	<0.01			347.4	326.6	649.8	0	52	0.082		1628
	1999	7.5						298.3	68.1	146.4	0.01			319	352.5	686.5	0	51.5	<0.008		1582
173	1998	7.9						174.3	47.1	105.1	0.02			134.7	201.7	518.7	0	128.75	0.137		1052
246	1998	7.8						97.4	63.1	18.2	<0.01			44	92.2	326.4	0	23.25	0.007		534
265	1998	7.7						104.4	87	98.8	<0.01			145.3	116.3	408.8	0	235	0.017		992
139	1996	7.3						127.8	112.2	66.3	<0.01			104.9	153.7	573.6	0	65	0.005		900
	1997	7.6						111.6	81.2	74.7	<0.01			94.3	126.3	479	0	118.32	0.027		898
	1998	7.4						98.8	88.2	43.7	<0.01			69.1	81.7	488.8	0	39.25	0.039		676
	1999	7.3						93..7	106.2	32.8	0.2			70.9	91.3	469.8	0	30	0.017		682
	2000	7.3						101.2	121.2	66.8	<0.01			102.8	146.5	469.8	0	142.5	0.013		934

COD	可溶性SiO_2	硬度(以碳酸钙计,mg/L)			毒理学指标,mg/L								取样时间
		总硬	暂硬	永硬	挥发分	氰化物	氟离子	砷	六价铬	铅离子	镉离子	汞离子	锰离子	
1.3	16.3	535.5	535.5	0	<0.001	<0.0008	0.55	<0.002	<0.002	<0.008	<0.008	<0.0005		1996.07.23
1.3	18	665.6	495.4	170.2	<0.001	<0.0008	0.29	<0.002	<0.005	<0.008	<0.008	<0.0005		1997.07.16
2.1	15.6	580.5	580.5	0	<0.001	0.0015	0.55	0.004	<0.005	<0.008	<0.008	<0.0005		1998.07.30
0.6	13.6	578	465.4	112.6	<0.001	<0.0008	0.78	<0.002	<0.005	<0.008	<0.008	<0.0005		1999.07.13
1.1	13.5	310.3	285.3	25	<0.001	<0.0008	0.4	<0.002	<0.002	<0.008	<0.008	<0.0005		1996.07.22
5.9	16.9	362.8	362.8	0	<0.001	<0.0008	0.35	0.012	0.006	<0.008	<0.008	<0.0005		1997.07.22
3.5	17.1	480.4	480.4	0	<0.001	<0.0008	0.44	0.002	<0.005	<0.008	<0.008	<0.0005		1998.07.28
3.5	17.5	588	588	0	<0.001	<0.0008	0.47	0.02	0.007	<0.008	<0.008	<0.0005		1999.07.12
2.9	2.5	62.6	45	17.6	<0.001	<0.0008	2.14	<0.002	<0.002	0.012	<0.008	<0.0005		1996.07.22
3.7	5.2	85.1	35	50.1	0.001	<0.0008	1.7	<0.002	0.005	<0.008	<0.008	<0.0005		1997.07.22
0.8	20.4	452.9	265.2	187.7	<0.001	0.001	0.38	<0.002	0.002	<0.008	<0.008	<0.0005		1996.07.23
0.6	19.3	545.5	345.3	200.2	<0.001	<0.0008	0.32	<0.002	<0.005	<0.008	<0.008	<0.0005		1997.07.16
1.5	19.3	490.4	362.8	127.6	<0.001	<0.0008	0.44	<0.002	0.007	<0.008	<0.008	<0.0005		1998.06.30
0.4	20.3	630.6	442.9	187.7	<0.001	<0.0008	0.35	0.012	0.007	<0.008	<0.008	<0.0005		1999.06.30
1.5	16.2	974.9	530.5	444.4	<0.001	<0.0008	0.56	0.007	0.008	<0.008	<0.008	<0.0005		1998.07.30
0.5	16.8	665.6	590.5	75.1	<0.001	0.0009	0.69	<0.002	0.04	<0.008	<0.008	<0.0005		1996.07.11
1.2	14.8	808.2	480.4	327.8	<0.001	<0.0008	0.51	<0.002	0.059	<0.008	<0.008	<0.0005		1997.07.21
1	16.8	670.6	585.5	85.1	<0.001	<0.0008	0.74	<0.002	0.1	<0.008	<0.008	<0.0005		1998.07.30
0.2	16.6	793.2	558	235.2	<0.001	<0.0008	0.68	0.017	0.462	<0.008	<0.008	<0.0005		1999.07.12
2.7	17.2	605.5	605.5	0	<0.001	0.0025	0.58	0.006	0.005	<0.008	<0.008	<0.0005	0.16	2002.07.25
0.3	14.7	500.4	413.4	87	<0.001	0.0022	0.56	<0.002	1.2	<0.008	<0.008	<0.0005		1996.07.11
0.8	19.5	500.4	407.9	92.5	<0.001	0.0023	0.35	<0.002	0.58	0.02	<0.008	<0.0005		1997.07.20
2.1	6.9	102.6	82.6	20	<0.001	0.0012	0.18	<0.002	<0.005	<0.008	<0.008	<0.0005		1998.06.30
1.6	17.2	390.4	315.2	75.2	<0.001	0.0012	0.76	0.022	0.007	<0.008	<0.008	<0.0005		1999.07.15
1.1	15	60.1	60.1	0	<0.001	<0.0008	1.07	0.025	<0.002	<0.008	<0.008	<0.0005		1996.07.17
0.9	14.4	970.9	505.5	465.4	<0.001	<0.0008	0.91	0.002	<0.005	<0.008	<0.008	<0.0005		1997.07.14
1.3	13.6	700.6	533	167.6	<0.001	<0.0008	2.04	0.008	<0.005	<0.008	<0.008	<0.0005		1998.07.21
1.8	14.1	773.2	563	110.2	<0.001	<0.0008	1.15	0.026	0.061	<0.008	<0.008	<0.0005		1999.07.18
1.4	13.4	550.5	425.4	125.1	<0.001	<0.0008	1.05	0.004	0.071	<0.008	<0.008	<0.0005		1998.07.20
0.6	21	232.7	232.7	0	<0.001	<0.0008	0.28	<0.002	0.056	<0.008	<0.008	<0.0005		1998.06.29
0.9	17.3	624.1	335.3	288.8	<0.001	<0.0008	0.71	<0.002	0.179	<0.008	<0.008	<0.0005		1998.07.20
0.8	18.9	553	470.4	82.6	<0.001	0.0013	0.5	<0.002	0.2	<0.008	<0.008	<0.0005		1996.07.16
0.8	18.4	510.5	392.9	117.6	0.01	<0.0008	0.26	<0.002	0.008	<0.008	<0.008	<0.0005		1997.07.09
1.1	18.1	400.4	400.4	0	<0.001	<0.0008	0.33	<0.002	0.139	<0.008	<0.008	<0.0005		1998.07.01
0.6	19.3	400.1	385.3	15.1	<0.001	<0.0008	0.35	0.015	0.137	<0.008	<0.008	<0.0005		1999.07.15
0.8	18.8	578	385.3	192.7	<0.001	0.0015	0.48	0.003	0.4	<0.008	<0.008	<0.0005		2000.09.25

续表

点号	年份	pH值	色度	浊度	臭和味	肉眼可见物	阳离子(mg/L)							阴离子(mg/L)						矿化度	溶解性固体
							钾离子	钠离子	钙离子	镁离子	氨氮	三价铁	二价铁	氯离子	硫酸根	重碳酸根	碳酸根	硝酸根	亚硝酸根		
139	2008	7.48					0.73	112	56.2	14.6	0.14	<0.05		55.1	77.9	351	0	6.23	2.14		536
	2009	7.75					0.67	114	48.5	15.3	0.15	<0.05		56.3	80.1	351	0	7.1	<0.003		534
	2010	7.81					0.77	107	69	14.9	0.16	0.07		81.6	54.6	349	0	5.6	0.14		513
191	1996	7.4						126.3	61.1	96	0.01			71.3	97.5	668.1	0	90	0.005		916
	1997	7.5						116.2	101.2	71.1	<0.01			66.6	86.5	643.7	0	106.65	0.022		924
	1998	7.6						113.4	57.1	78.4	<0.01			53.2	81.7	607.1	0	67	0.026		752
	1999	7.9						121.6	60.1	81.7	0.04			60.3	86.5	616.3	0	87.5	0.009		790
	2000	7.5						110.9	72.1	94.2	<0.01			90.4	81.7	588.8	0	140.83	<0.03		930
	2001	7.9						118.6	65.1	74.7	0.02			64.5	78.3	606.5	0	72.5	0.013		776
	2002	7.9						128.3	61.1	76	0.01	<0.08		78	79.3	604.1	0	70	0.017		830
275	1998	7.5						79.7	103.2	32.2	0.02			41.8	124.9	434.4	0	22.75	0.007		616
166	1996	7.5						193.6	49.1	66.3	0.01			103.9	158.5	598	0	18	0.018		898
	1997	7.8						187	94.2	38.3	<0.01			104.6	148.9	588.8	0	17.43	0.016		898
	1998	7.5						185.5	47.7	61.2	<0.01			108.1	156.1	549.2	0	11.5	0.003		880
	1999	8						188.6	41.1	56.5	0.01			104.6	156.1	530.9	0	<2.5	0.004		824
	2000	7.5						189.8	37.1	74.7	<0.01			108.1	172.9	585.8	0	<2.5	<0.003		872
	2001	7.8						151.4	38.1	37.1	0.38			65.6	72	500.3	0	<2.5	0.198		622
	2002	7.7						154.8	41.1	41.3	<0.01	<0.008		76.2	61.5	533.9	0	<2.5	0.011		658
	2003	7.62					1.07	147.4	77.35	49.34	<0.01	0.28		67.98	73.42	528.8	61.74	3.05	0.0036		666
	2004	7.95					0.61	158	56.7	57.7	<0.01	0.023		81.1	123	545	8.65	27.2	<0.001		872
	2005	7.24					3.01	170	75.8	67.1	<0.01	<0.1		78.5	139	690	0	6.38	0.001		907
	2006	7.66					0.85	165	59	52.9	<0.02	0.08		83.8	125	547	17.3	8.29	0.0049		822
	2007	7.71					1.27	187	50.7	40.8	0.19	<0.05		77.4	121	568	0	4.12	0.0053		716
	2008	7.43					1.21	234	34.2	57.5	0.079	<0.05		37.6	226	659	0	3.26	<0.001		982
	2009	7.67					1.81	227	44	61.5	0.058	<0.05		83.4	168	659	0	1.15	<0.003		952
	2010	7.94					3.18	165	106	53.4	0.16	2.64		102	287	526	0	1	0.0032		969
211	1998	7.3						264.9	50.5	86.6	<0.01			117	160.9	848.2	0	38.25	0.004		1176
197	1996	7.3						119.3	129.3	48.6	<0.01			95.4	160.9	518.7	0	68	0.006		886
	1997	7.4						165.4	130.3	46.8	<0.01			119.8	281	466.8	0	41	0.009		1018
	1998	7.5						165.6	154.3	41.3	<0.01			111.3	273.3	533.9	0	44.5	0.036		1098
	1999	7.3						165	140.3	37.1	0.02			99.3	225.7	530.9	0	63.5	0.051		980
	2000	7.3						119.2	85.2	60.1	<0.01			83.3	157.1	494.2	0	41	0.106		814
228	1996	7.5						114.2	59.1	73.5	<0.01			68.4	98.5	579.7	0	30	0.013		734
	1997	8.1						102.7	60.1	65	<0.01			68.4	80.7	478.4	26.4	30.06	0.034		718
	1998	7.5						106.4	50.1	85.3	<0.01			65.6	97	601	0	26.5	0.005		774
	1999	7.8						109	47.1	83.8	0.01			70.9	81.7	604.1	0	24.25	0.018		764

COD	可溶性SiO_2	硬度(以碳酸钙计,mg/L)			毒理学指标,mg/L									取样时间
		总硬	暂硬	永硬	挥发分	氰化物	氟离子	砷	六价铬	铅离子	镉离子	汞离子	锰离子	
2.32	19	200	200	0	<0.002	<0.002	0.33	0.0018	<0.01	<0.002	<0.0002	<0.000 04	0.11	2008.08.18
2.07	19.4	184	184	0	<0.002	<0.002	0.5	0.0088	<0.01	<0.002	<0.0002	<0.000 04	0.062	2009.09.02
1.07	17	234	234	0	<0.002	<0.002	0.56	0.02	<0.01	<0.002	<0.0002	<0.000 04	0.13	2010.09.03
0.7	16.8	548	548	0	<0.001	<0.0008	0.69	<0.002	0.02	<0.008	<0.008	<0.0005		1996.07.24
0.9	15.8	545.5	528	17.5	<0.001	0.0017	0.56	<0.002	0.023	<0.008	<0.008	<0.0005		1997.07.08
0.7	15.6	465.4	465.4	0	<0.001	<0.0008	0.62	<0.002	0.031	<0.008	<0.008	<0.0005		1998.07.01
0.3	15.7	487.9	487.9	0	<0.001	<0.001	0.71	0.022	0.021	<0.008	<0.008	<0.0005		1999.07.07
1	16.7	568	482.9	85.1	<0.001	<0.001	0.85	0.005	0.024	<0.008	<0.008	<0.0005		2000.09.25
0.6	14.8	470.4	470.4	0	<0.001	<0.001	0.89	<0.002	0.016	<0.008	<0.008	<0.0005		2001.08.29
0.9	10.7	465.4	465.4	0	<0.001	<0.001	0.54	<0.002	0.021	<0.008	<0.008	<0.0005	<0.02	2002.07.18
0.8	16.3	390.4	356.3	34.1	<0.001	<0.0008	0.65	<0.002	<0.005	<0.008	<0.008	<0.0005		1998.06.23
1.1	18.1	395.4	395.4	0	<0.001	<0.0008	1.58	<0.002	0.02	<0.008	<0.008	<0.0005		1996.07.18
1.3	18.2	392.9	392.9	0	<0.001	<0.0008	1.38	<0.002	<0.005	<0.008	<0.008	<0.0005		1997.07.15
1.7	17.6	371.3	371.3	0	<0.001	<0.0008	1.62	<0.002	0.037	<0.008	<0.008	<0.0005		1998.07.20
0.9	11.1	335.3	335.3	0	<0.001	<0.0008	2.24	0.03	0.006	<0.008	<0.008	<0.0005		1999.07.08
1.1	11.7	400.4	400.4	0	<0.001	<0.0008	1.41	<0.002	0.009	<0.008	<0.008	<0.0005		2000.10.19
2.1	15.7	247.7	247.7	0	<0.001	<0.0008	1.86	<0.002	<0.005	<0.008	<0.008	<0.0005		2001.08.22
2	15.8	272.7	272.7	0	<0.001	<0.0008	1.62	<0.002	<0.005	<0.008	<0.008	<0.0005	<0.02	2002.07.23
1.64	17.11	396	396	0	<0.001	<0.0008	1.44	0.0008	<0.01	<0.005	<0.0005	0.000 03	0.04	2003.07.17
0.76	16.3	379	379	0	<0.001	<0.0008	1.25	0.0021	<0.01	<0.005	<0.0005	0.000 05	0.04	2004.08.27
1	11.7	465	465	0	<0.001	<0.0002	0.88	0.000 64	<0.01	<0.005	<0.0005	0.000 05	0.81	2005.08.10
1.02	18.1	365	365	0	<0.002	<0.002	0.85	0.0006	<0.01	<0.005	<0.0005	0.000 05	0.013	2006.08.12
1.34	17.8	295	295	0	<0.001	0.0021	1.65	0.000 84	<0.01	<0.002	<0.0002	0.0001	<0.05	2007.08.21
1.14	15.1	322	322	0	<0.002	0.0021	0.43	0.0011	<0.01	<0.002	<0.0002	0.000 15	<0.05	2008.08.12
1.23	12.7	363	363	0	<0.002	<0.002	1.3	0.0011	<0.01	<0.002	<0.0002	0.000 15	<0.05	2009.09.03
2.14	13.4	485	431	53	<0.002	<0.002	0.81	<0.0004	<0.01	0.0092	<0.0002	<0.000 04	1.2	2010.09.06
2	12.9	482.9	482.9	0	<0.001	<0.0008	1.1	0.009	0.047	<0.008	<0.008	<0.0005		1998.07.20
0.7	13	523	425.4	97.6	<0.001	<0.0008	0.32	<0.002	<0.002	<0.008	<0.008	<0.0005		1996.07.16
1	10.9	518	382.8	135.2	<0.001	<0.0008	0.28	<0.002	0.006	<0.008	<0.008	<0.0005		1997.07.08
1.1	11	555.5	437.9	117.6	<0.001	<0.0008	0.3	<0.002	<0.005	<0.008	<0.008	<0.0005		1998.06.25
1.7	11.5	503	435.4	67.6	<0.001	<0.0008	0.39	0.03	<0.005	<0.008	<0.008	<0.0005		1999.07.07
0.9	13.3	460.4	405.4	55	<0.001	<0.0008	0.72	0.002	0.012	<0.008	<0.008	<0.0005		2000.10.10
0.7	15.3	450.4	450.4	0	<0.001	<0.0008	1.07	<0.002	0.02	<0.008	<0.008	<0.0005		1996.07.18
0.8	15.7	417.9	392.4	25.5	<0.001	<0.0008	0.91	<0.002	<0.005	<0.008	<0.008	<0.0005		1997.07.15
0.8	14.2	476.4	476.4	0	<0.001	<0.0008	1.12	0.006	0.066	<0.008	<0.008	<0.0005		1998.07.20
0.4	14.9	462.9	462.9	0	<0.001	<0.0008	1.12	0.022	0.026	<0.008	<0.008	<0.0005		1999.07.08

续表

点号	年份	pH值	色度	浊度	臭和味	肉眼可见物	阳离子(mg/L) 钾离子	钠离子	钙离子	镁离子	氨氮	三价铁	二价铁	阴离子(mg/L) 氯离子	硫酸根	重碳酸根	碳酸根	硝酸根	亚硝酸根	矿化度	溶解性固体
291	2000	7.8					49.5		69.1	14.6	<0.01			12.4	16.8	372.2	0	<2.5	0.053		346
	2001	7.5					27		90.2	17	<0.01			20.6	19.2	360	0	12	0.013		374
	2002	7.7					35		66.1	24.3	0.12	0.084		19.5	26.4	338.6	0	11.25	0.028		370
	2003	7.22					0.95	24.14	74.55	26.73	<0.01	0.25		14.72	16.12	334.9	19.3	9.04	<0.001		425
	2004	7.93					0.69	29.7	64.1	26.7	<0.01	0.85		17.6	23.4	340	0	15.6	0.029		417
	2005	7.59					1	33.7	90.6	31.8	<0.01	<0.1		31.6	26.4	408	0	25.9	0.026		523
	2006	7.46					0.72	35.2	111	34.8	<0.02	0.076		43.1	46.6	417	6.29	45	0.022		657
	2007	7.61					0.78	44.6	133	37.6	<0.01	0.44		50	69	482	0	68.3	0.011		668
	2008	7.29					0.71	41.9	113	38.8	0.24	<0.05		39.1	70	407	0	84.3	0.36		628
	2009	7.4					0.71	56.2	108	43.3	0.16	<0.05		45.6	108	398	0	104	1.41		705
	2010	7.46					0.95	61.6	127	41.4	0.1	0.1		52	64.7	571	0	44.6	0.015		660
297	2000	7.3					226		100.2	121.5	0.02			175.5	324.2	668.1	0	135	0.007		1492
	2001	7.5					158.7		85.2	85.1	<0.01			67.4	245	616.3	0	65	0.01		1026
	2003	7.36					3.25	175.9	98.6	104.5	<0.01	<0.08		104.3	266.4	54.02	600.3	103.9	0.018		1290
	2004	8.12					1.14	65.3	38.8	18.7	<0.01	<0.08		32.8	62.2	245	0	1.29	0.004		522
	2008	7.32					19.9	245	78.9	26	0.088	0.86		70.7	236	595	0	0.65	<0.001		921
	2009	7.36					0.8	48.2	54.4	25.5	0.043	<0.05		18.1	102	281	0	6.12	<0.003		389
	2010	7.39					0.89	45.8	75.2	24.8	0.16	1.77		26.9	117	280	0	0.4	0.0094		425
297-2	2005	7.24					4.79	173	86.2	105	<0.01	<0.1		83.3	168	758	0	75.2	0.003		1145
319	1996	7.5					104.3		116.2	37.7	<0.01			63.1	122.5	378.3	0	180	0.007		824
	1997	7.6					125.9		60.1	26.7	<0.01			24.1	67.2	469.8	0	55.35	0.029		602
	1998	7.5					108.9		124.2	34.6	<0.01			59.9	109	427.1	0	175	0.017		864
	1999	7.2					77.2		84.2	70.5	0.2			46.1	93.7	561.4	0	57	0.016		766
294	1996	7.7					31.3		53.1	39.5	<0.01			17	36	340.5	0	28	0.006		398
	1997	7.6					40.5		71.1	60.2	<0.01			20.2	59.1	489.4	0	27.26	0.035		512
	1998	7.7					25		68.1	27.3	<0.01			10.6	45.6	326.4	0	8.5	0.026		362
	1999	7.3					29.1		32.1	52.9	0.06			12.4	28.8	369.2	0	13.5	0.012		378
328	2000	7.2					130		97.2	54.7	0.1			60.3	170.5	512.6	0	84.17	0.037		896
	2001	7.4					82.3		91.2	32.8	0.03			42.5	127.3	338.6	0	88.75	0.023		674
	2002	7.7					131.8		79.2	63.8	<0.01	0.12		79.8	136.9	512.6	0	89	0.016		812
	2003	7.5					8.75	96.52	79.76	45.21	<0.01	0.15		44.72	121.8	393.7	30.87	59.43	0.0074		751
	2004	7.52					8.12	122	98.2	54.7	<0.01	0.004		54.4	147	545	0	73.9	<0.001		892
	2005	7.24					10.3	107	97.8	50.1	<0.01	<0.1		44.2	95.4	602	0	46.7	<0.001		764
	2006	7.34					8.96	99.9	96	50.7	<0.002	0.45		50.6	107	564	1.57	41.7	0.68		744
	2007	7.61					7.9	117	81.5	44.1	0.028	0.14		51	137	473	0	67.4	0.081		764
	2008	7.09					6.96	115	93.5	44.7	0.13	<0.05		31.7	160	510	0	47	2.3		802
	2009	7.47					3.58	117	53.5	52	0.046	<0.05		18.9	172	455	0	30.4	<0.003		687
	2010	7.97					4.18	104	75.3	40.6	0.14	0.07		53.2	135	423	0	36.3	0.49		650

COD	可溶性 SiO_2	硬度(以碳酸钙计,mg/L)			毒理学指标,mg/L									取样时间
		总硬	暂硬	永硬	挥发分	氰化物	氟离子	砷	六价铬	铅离子	镉离子	汞离子	锰离子	
0.7	17.5	232.7	232.7	0	<0.001	<0.001	0.26	0.01	<0.005	<0.008	<0.008	<0.0005		2000.09.25
0.6	19.9	295.3	295.3	0	<0.001	<0.001	0.47	<0.002	0.009	<0.008	<0.008	<0.0005		2001.08.27
0.8	17.6	265.2	265.2	0	<0.001	<0.001	0.49	<0.002	<0.005	<0.008	<0.008	<0.0005	0.02	2002.07.29
0.28	20.24	296	270.3	25.7	<0.001	<0.0008	0.2	0.0005	<0.01	<0.005	<0.0005	0.000 03	0.22	2003.07.22
0.85	20.3	270	270	0	<0.001	<0.0008	0.46	0.002	<0.01	0.009	<0.0005	0.000 04	0.08	2004.09.05
0.64	19.2	357.1	334.6	21.5	<0.001	<0.0002	0.26	0.000 91	<0.01	<0.005	<0.0005	0.000 04	<0.05	2005.08.11
0.47	18.4	418	347	71	<0.002	<0.002	0.31	0.0011	<0.01	<0.005	<0.0005	0.000 04	<0.01	2006.08.12
0.73	20	487	395	92	<0.001	<0.001	0.38	0.0008	<0.01	<0.002	<0.0002	<0.000 04	<0.05	2007.08.21
1.52	19	442	334	108	<0.002	<0.002	0.22	0.0011	0.014	<0.002	<0.0002	<0.000 04	<0.05	2008.08.15
1.48	19.8	448	326	104	<0.002	<0.002	0.44	<0.0004	0.014	<0.002	<0.0002	<0.000 04	<0.05	2009.09.02
1.24	21	488	460	19	<0.002	<0.002	0.31	<0.0004	0.014	<0.002	<0.0002	<0.000 04	0.1	2010.09.06
1.4	17.2	750.7	548	202.7	<0.001	0.0011	0.71	0.004	0.64	<0.008	<0.008	<0.0005		2000.09.26
0.6	15.7	563	505.5	57.5	<0.001	<0.0008	0.76	<0.002	0.107	<0.008	<0.008	<0.0005		2001.08.23
0.32	16.31	677	582.4	94.6	<0.001	<0.0008	0.11	0.0008	0.2	<0.005	<0.0005	0.000 03	<0.05	2003.07.21
0.71	13.2	174	174	0	<0.001	<0.008	0.42	0.0005	0.2	<0.005	<0.0005	0.000 03	<0.05	2004.09.01
1.9	8.48	304	304	0	<0.001	0.0022	0.19	0.0012	<0.01	0.0021	<0.0002	0.000 23	0.21	2008.08.14
1.63	18.7	241	230	11	<0.002	<0.002	0.36	<0.0004	<0.01	<0.002	<0.0002	<0.000 04	0.3	2009.09.04
0.74	17.5	290	290	60	<0.002	<0.002	0.34	<0.0004	<0.01	<0.002	0.000 45	<0.000 04	0.39	2010.09.03
0.6	16.2	647.4	621.7	25.7	<0.001	<0.0002	0.31	0.0025	0.023	<0.005	<0.0005	0.000 05	<0.05	2005.08.10
0.4	15.2	445.4	310.3	135.1	<0.001	<0.0008	0.36	<0.002	0.04	<0.008	<0.008	<0.0005		1996.07.15
1.5	20.3	260.2	260.2	0	0.001	<0.0008	0.35	<0.002	0.144	<0.008	<0.008	<0.0005		1997.07.08
0.8	15.6	452.9	350.3	102.6	<0.001	<0.0008	0.39	<0.002	0.055	<0.008	<0.008	<0.0005		1998.06.24
0.5	18.2	500.4	460.4	40	<0.001	<0.0008	0.69	0.003	0.036	<0.008	<0.008	<0.0005		1999.07.16
0.3	14.7	295.3	279.3	16	<0.001	<0.0008	0.63	<0.002	0.012	<0.008	<0.008	<0.0005		1996.07.24
0.9	17.7	425.4	401.4	24	<0.001	<0.0008	0.53	<0.002	0.018	<0.008	<0.008	<0.0005		1997.07.09
0.9	16.5	282.8	267.7	15.1	<0.001	<0.0008	0.45	<0.002	0.009	<0.008	<0.008	<0.0005		1998.07.02
0.2	17.9	297.8	297.8	0	<0.001	<0.0008	1.44	0.019	0.006	<0.008	<0.008	<0.0005		1999.06.30
1.3	19.5	467.9	420.4	47.5	<0.001	<0.0008	0.56	0.004	0.006	<0.008	<0.008	<0.0005		2000.09.26
1.7	15.2	362.8	277.7	85.1	<0.001	<0.0008	0.76	<0.002	0.005	<0.008	<0.008	<0.0005		2001.08.28
1.1	16.5	460.4	420.4	40	<0.001	<0.0008	0.48	0.002	0.078	<0.008	<0.008	<0.0005	0.02	2002.07.18
0.68	17.17	385	385	0	<0.001	<0.0008	0.08	0.0006	0.012	0.006	<0.0005	0.000 03	<0.05	2003.07.21
0.88	19	470	447	23	<0.001	<0.0008	0.34	0.0011	0.012	0.006	<0.0005	0.000 04	<0.05	2004.08.30
0.84	19.2	450.4	450.4	0	<0.001	<0.0002	0.27	0.000 94	<0.01	0.006	<0.0005	0.000 05	<0.05	2005.08.10
2.2	19.5	449	449	0	<0.002	<0.002	0.26	0.0021	<0.01	0.006	<0.0005	0.000 05	0.17	2006.08.24
0.85	20	385	385	0	<0.001	0.0027	0.44	0.000 81	<0.01	0.0021	<0.0002	0.000 08	<0.05	2007.08.21
2.32	19.1	418	418	0	<0.002	0.0021	0.37	0.000 69	<0.01	0.0025	<0.0002	0.000 12	<0.05	2008.08.14
2.16	18.4	348	348	0	<0.002	<0.002	0.54	<0.0004	<0.01	<0.002	<0.0002	<0.000 04	<0.05	2009.09.08
1.07	16.8	355	347	8	<0.002	<0.002	0.57	0.0006	<0.01	0.0053	0.0002	<0.000 04	0.04	2010.09.03

续表

点号	年份	pH值	色度	浊度	臭和味	肉眼可见物	阳离子(mg/L)							阴离子(mg/L)						矿化度	溶解性固体
							钾离子	钠离子	钙离子	镁离子	氨氮	三价铁	二价铁	氯离子	硫酸根	重碳酸根	碳酸根	硝酸根	亚硝酸根		
323	1996	8.3					208.4		58.1	134.9	0.02			159.5	235.4	686.5	24	100	0.03		1306
	1997	8.3					175		128.3	66.2	<0.01			125.8	159.9	701.7	6	57.5	0.007		1032
	1998	7.7					235.8		33.1	131.2	0.02			161.3	220.9	662	0	167.5	0.02		1284
	1999	7.8					269.4		25	103.3	0.08			159.5	223.3	604.1	0	150	0.01		1190
	2000	7.5					215		44.1	113	0.04			154.2	213.7	594.9	0	142.5	0.02		1150
	2001	7.7					266.9		37.1	114.8	0.06			179	245	591.9	0	188.75	0.66		1292
	2002	7.6					139.7		80.2	67.4	<0.01	<0.08		95.7	123.9	533.9	0	98.75	0.025		890
335	1996	7.3					480.6		184.4	141	0.01			352.4	367.9	604.1	0	880	0.034		2724
	1997	7.7					418.5		230.5	76	0.2			326.5	341	402.7	0	808.5	0.229		2392
	1998	7.8					439.2		151.3	110	<0.01			310.9	328.5	438.1	0	800	0.039		2256
	1999	7.6					386.1		142.3	102.1	0.02			269.4	324.2	448.5	0	656.3	0.104		2134
	2000	8					359.5		128.3	96.6	0.1			257	319.4	378.3	0	612.5	0.257		1994
	2001	7.6					316.4		98.2	66.8	0.02			157.8	312.2	463.7	0	347.5	0.112		1584
	2002	7.7					315.7		94.2	66.8	0.02	<0.08		173.7	273.8	411.9	0	407.5	0.244		1616
	2003	7.72					173.5	217.8	150.7	94.79	<0.01	0.14		178.5	319.9	511.3	0	480.9	0.31		2178
	2004	8.14					135	157	83.6	63.7	<0.01	<0.1		71.3	230	573	0	214	0.004		1292
	2005	7.6					65.5	150	72.1	55.9	<0.01	<0.1		60.9	193	485	0	169	0.064		1119
	2006	7.92					125	155	88.7	59.7	<0.02	0.45		111	261	360	9.41	281	0.075		1333
	2007	7.83					129	190	123	60.3	0.035	0.24		154	308	378	0	369	0.17		1687
	2008	7.34					120	242	171	103	0.079	<0.05		185	411	595	0	509	5.65		2156
	2009	7.9					114	208	74.3	70.6	0.079	<0.05		151	293	370	0	387	0.013		1431
	2010	7.78					150	235	131	78.4	0.12	2.91		218	354	524	0	339	0.149		1812
341	1996	8.2					191.6		64.1	126.4	0.01			163.8	242.6	610.2	0	140	0.105		1258
	1997	8.2					172.3		105.2	83.2	<0.01			92.2	201.7	630.9	13.8	123.3	0.03		1110
	1998	7.7					171.5		68.1	119.1	<0.002			102.8	206.5	707.8	0	115	0.017		1190
	1999	7.4					148		41.1	105.1	0.04			85.1	117.7	643.7	0	107.5	0.069		964
	2000	8.34					142.7		48.1	111.2	0.02			85.1	118.6	701.7	0	85.83	<0.003		942
	2001	7.8					171.3		51.1	103.3	<0.01			95.7	139.3	651.7	0	137.5	0.024		1086
	2002	7.7					157.2		41.1	105.1	0.19	<0.08		86.9	126.8	643.7	0	118.1	0.019		962
359	1998	7.5					174.2		109.2	74.7	0.2			117	192.1	717	0	8.25	0.077		1084
	1999	7.3					61		91.2	20.1	0.01			42.5	110.5	320.3	0	6.5	0.017		506
255	1996	7.5					99.3		129.3	55.9	<0.01			113.8	168.1	418	0	112	<0.001		908
	1997	7.6					100.5		133.3	48	<0.01			112.4	153.7	393.6	0	133.3	0.029		882
	1998	7.4					97.7		144.3	51.6	<0.01			121.9	155.6	427.1	0	125	0.025		892
	1999	7.7					38.8		59.1	30.4	0.02			19.5	117.7	244.1	0	8.5	0.009		420

COD	可溶性 SiO_2	硬度(以碳酸钙计,mg/L)			毒理学指标,mg/L									取样时间
		总硬	暂硬	永硬	挥发分	氰化物	氟离子	砷	六价铬	铅离子	镉离子	汞离子	锰离子	
0.9	13.6	700.6	563	137.6	<0.001	0.0016	0.5	0.003	0.02	<0.008	<0.008	<0.0005		1996.07.22
0.6	14.7	595.5	575.5	20	<0.001	0.0009	0.87	<0.002	0.022	<0.008	<0.008	<0.0005		1997.07.22
1.4	12.7	623.1	543	80.1	<0.001	0.001	1.99	<0.002	0.076	<0.008	<0.008	<0.0005		1998.07.27
0.5	12.2	487.9	487.9	0	<0.001	<0.0008	1.95	0.028	0.07	<0.008	<0.008	<0.0005		1999.07.12
1	14.2	575.5	487.9	87.6	0.001	<0.0008	0.95	0.006	0.018	<0.008	<0.008	<0.0005		2000.10.19
1.5	13.4	565.5	485.4	80.1	0.002	<0.0008	1.58	0.005	0.053	<0.008	<0.008	<0.0005		2001.08.23
0.9	4.8	477.9	437.9	40	<0.001	<0.0008	0.53	0.004	<0.005	<0.008	<0.008	<0.0005	0.48	2002.07.23
1.4	15.3	1040.9	495.4	545.5	<0.001	<0.0008	0.63	0.004	0.012	<0.008	<0.008	<0.0005		1996.07.24
0.7	11.6	888.3	330.3	558	<0.001	<0.0008	0.71	<0.002	0.02	<0.008	<0.008	<0.0005		1997.07.08
1.5	11	830.7	359.3	471.4	<0.001	<0.0008	0.74	<0.002	0.019	<0.008	<0.008	<0.0005		1998.06.25
0.4	11.1	775.7	367.8	407.9	<0.001	<0.0008	0.74	0.017	0.014	<0.008	<0.008	<0.0005		1999.07.05
1.5	11.3	718.1	310.3	407.8	0.02	<0.0008	0.91	0.003	0.007	<0.008	<0.008	<0.0005		2000.09.26
1.1	10.5	520.5	380.3	140.2	<0.001	<0.0008	0.98	<0.002	0.027	<0.008	<0.008	<0.0005		2001.08.28
1.4	10.8	510.5	337.8	172.7	<0.001	<0.0008	0.87	0.002	0.034	<0.008	<0.008	<0.0005	0.1	2002.07.18
2.2	12.32	767	369	398	<0.001	<0.0008	0.15	0.0031	<0.01	<0.005	<0.0005	0.000 08	0.03	2003.07.14
0.35	12.9	470	470	0	<0.001	<0.0008	0.69	0.0026	<0.01	<0.005	<0.0005	0.000 06	<0.05	2004.09.01
0.88	11.4	410.1	397.8	12.3	<0.001	<0.0002	0.65	0.0022	0.011	<0.005	<0.0005	0.000 05	<0.05	2005.08.09
0.55	9.65	467	302	165	<0.002	<0.002	0.82	0.0025	0.018	<0.005	<0.0005	0.000 05	0.042	2006.08.24
1.18	9.85	555	310	245	<0.001	<0.001	0.82	0.002	0.022	<0.002	<0.0002	0.0001	<0.05	2007.08.21
4.5	12.5	851	488	363	<0.002	0.0028	0.33	0.002	<0.01	<0.002	<0.0002	0.000 26	<0.05	2008.08.14
4.06	10.5	476	303	173	<0.002	<0.002	0.86	0.0008	<0.01	<0.002	<0.0002	<0.000 04	<0.05	2009.09.01
0.66	10.7	650	430	220	<0.002	<0.002	0.78	0.0006	0.024	<0.002	<0.0002	<0.000 04	0.11	2010.09.03
0.7	15.4	680.6	500.4	180.2	<0.001	0.001	1.02	0.003	0.036	<0.008	<0.008	<0.0005		1996.07.17
1	16.2	605.5	517.5	88	<0.001	<0.0008	0.89	0.002	<0.005	0.01	<0.008	<0.0005		1997.07.15
3.4	15.5	660.6	580.5	80.1	<0.001	<0.0008	1	<0.002	0.052	0.008	<0.008	<0.0005		1998.07.20
0.7	15	535.5	528	7.5	<0.001	<0.0008	1.1	0.028	0.013	0.008	<0.008	<0.0005		1999.07.12
0.6	14.3	578	575.5	2.5	<0.001	<0.0008	1.07	0.002	0.012	0.008	0.008	<0.0005		2000.10.10
0.7	14.3	553	534.5	18.5	<0.001	<0.0008	1.45	0.004	0.012	<0.008	<0.008	<0.0005		2001.08.23
1.1	16	535.5	528	7.5	<0.001	0.0013	1.02	0.002	0.021	<0.008	<0.008	<0.0005		2002.07.30
1.4	16	580.5	580.5	0	<0.001	<0.0008	0.69	<0.002	<0.005	<0.008	<0.008	<0.0005		1998.07.20
0.4	12.9	310.3	262.7	47.6	<0.001	<0.0008	0.35	0.032	<0.005	<0.008	<0.008	<0.0005		1999.07.08
2.4	17.3	553	342.8	210.2	<0.001	0.0019	0.28	<0.002	0.096	<0.008	<0.008	<0.0005		1996.07.15
0.8	17.1	530.5	322.8	207.7	0.001	0.0021	0.28	<0.002	0.1	<0.008	<0.008	<0.0005		1997.07.08
0.9	16.5	573	350.3	222.7	<0.001	0.0011	0.3	<0.002	0.016	<0.008	<0.008	<0.0005		1998.06.24
0.6	15.7	272.7	200.2	72.5	<0.001	<0.0008	0.55	0.017	0.011	<0.008	<0.008	<0.0005		1999.07.07

续表

点号	年份	pH值	色度	浊度	臭和味	肉眼可见物	阳离子(mg/L) 钾离子	钠离子	钙离子	镁离子	氨氮	三价铁	二价铁	阴离子(mg/L) 氯离子	硫酸根	重碳酸根	碳酸根	硝酸根	亚硝酸根	矿化度	溶解性固体
382	1996	7.9					113.4		49.1	101.5	0.01			93.2	124.9	552.2	0	90	0.014		838
	1997	7.3					113.9		55.1	90.5	<0.01			91.5	111.9	521.7	0	104.99	0.008		872
	1998	8					104.1		62.5	97	<0.01			86.9	109	590	0	76.5	0.01		840
	1999	8					113.4		50.1	102.7	0.01			95.7	100.9	598	0	79.5	0.008		832
395	1996	7.7					153.7		63.1	26.1	0.01			48.6	144.1	463.7	0	0.8	<0.001		660
	1997	7.5					131.6		55.1	34	0.01			37.9	104.7	488.1	0	<2.5	1.021		642
	1998	7.7					177.2		89.2	46.8	0.5			109.9	164.7	579.7	0	<2.5	0.054		894
	1999	7.6					175.7		89.2	36.5	0.34			90.4	172.9	546.1	0	<2.5	0.271		858
	2000	7.3					154.5		88.2	38.9	0.56			85.1	165.7	518.7	0	<2.5	0.013		792
	2001	7.7					175.6		108.2	42.5	0.36			106.4	206.5	564.4	0	<2.5	0.28		946
	2002	7.7					150.1		82.2	29.8	0.44	0.292		76.2	195	421	0	<2.5	0.346		764
	2003	7.28					3.4	151.8	196.8	50.8	<0.01	0.81		112.4	168.6	68.9	705	1.84	0.0099		761
	2004	7.68					2.78	145	99.7	38.2	<0.01	0.028		76.2	122	590	5.04	5.12	<0.001		839
	2005	7.22					4.47	160	120	55.9	<0.01	0.36		88.6	174	690	0	3.46	0.001		913
	2006	7.42					3.02	175	112	57.8	<0.02	0.85		115	223	602	7.86	3.58	0.0062		993
	2007	7.31					2.9	180	96.1	51.6	0.33	<0.05		99	243	567	0	4.9	0.02		1023
	2008	7.54					5.51	203	52.6	48.4	0.22	<0.05		69.3	242	482	0	7.42	2.14		923
	2009	7.32					3.08	209	84.3	68.1	0.3	<0.05		83.8	368	602	0	5.18	<0.003		1195
	2010	8.41					1.29	201	89	53.8	0.17	0.73		96	153	695	4.2	0.7	0.0054		961
501	1999	7.3					44.2		107.2	22.5	0.84			17.7	31.2	482	0	7	0.234		482
466	1998	7.5					20.1		77.2	13.4	<0.01			15.2	38.4	250.2	0	30.5	0.03		348
	1999	7.6					34.9		101.2	20.7	0.2			23	67.2	341.7	0	39	0.006		484
281	2000	7.3					139.6		94.2	42.5	0.08			120.5	204.1	399.7	0	4.5	0.02		794
	2001	7.5					67.2		77.2	31.6	0.14			37.2	52.8	441.2	0	<2.5	0.014		510
	2002	7.3					258.7		153.3	66.8	0.2	0.784		179	350.6	738.3	0	<2.5	0.028		1376
	2003	7.3					2.9	197.4	168.7	88.47	<0.01	2.35		147.6	446.1	570	34.73	1.72	<0.001		1485
	2004	7.21					2.18	203	287	103	<0.01	0.012		170	655	798	0	1.03	<0.001		1992
	2005	7.14					4.83	148	185	44.7	<0.01	<0.1		113	264	656	0	3.96	<0.001		1146
	2006	7.37					1.84	50.2	63.5	9.07	<0.02	8.07		15.7	33	324	0	2.23	<0.001		308
	2007	7.57					0.43	45.3	40.1	4.7	<0.01	<0.05		15.7	16.8	223	0	1.74	0.0021		262
	2008	7.23					0.47	61.6	38.3	5.24	0.13	<0.05		8.82	61.1	222	0	1.12	<0.001		305
	2009	7.86					0.39	53.2	28.6	4.47	0.094	<0.05		13.5	39.6	187	0	4.23	<0.003		257
	2010	7.64					0.59	58.1	35	5.44	0.13	0.14		20.13	53.6	194	0	0.05	<0.003		275
468	1996	7.5					80.9		112.2	40.7	<0.01			59.6	132.1	466.8	0	24	<0.001		696
	1997	7.6					88.4		90.2	31	<0.01			64.9	135.9	357	0	23.73	0.007		620
	1998	7.3					84.1		123.2	34.6	<0.01			65.2	144.1	454.6	0	22.75	0.007		752
	1999	7.5					89.1		112.2	35.8	0.2			72.7	136.9	433.2	0	27	0.007		696

COD	可溶性 SiO_2	硬度(以碳酸钙计,mg/L)			毒理学指标,mg/L									取样时间
		总硬	暂硬	永硬	挥发分	氰化物	氟离子	砷	六价铬	铅离子	镉离子	汞离子	锰离子	
0.5	16.1	540.5	452.9	87.6	<0.001	<0.0008	1.05	<0.002	0.028	<0.008	<0.008	<0.0005		1996.07.18
0.7	17.4	510.5	427.9	82.6	<0.001	<0.0008	0.79	<0.002	<0.005	<0.008	<0.008	<0.0005		1997.07.15
0.8	16.9	555.5	483.9	71.6	<0.001	<0.0008	0.89	0.003	0.074	<0.008	<0.008	<0.0005		1998.07.20
0.7	15.9	548	490.4	57.6	<0.001	<0.0008	0.87	0.027	0.023	<0.008	<0.008	<0.0005		1999.07.08
1.3	16.1	265.2	265.2	0	<0.001	<0.0008	1.15	<0.002	<0.002	<0.008	<0.008	<0.0005		1996.07.18
1.8	14.4	277.7	277.7	0	<0.001	<0.0008	0.89	<0.002	<0.005	<0.008	<0.008	<0.0005		1997.07.15
2.4	14.4	415.4	415.4	0	<0.001	<0.0008	1.1	0.014	<0.005	<0.008	<0.008	<0.0005		1998.07.21
1.1	15.1	372.8	372.8	0	<0.001	<0.0008	1.05	0.028	<0.005	<0.008	<0.008	<0.0005		1999.07.08
1.4	14.4	380.3	380.3	0	0.016	<0.0008	1.32	0.003	0.047	<0.008	<0.008	<0.0005		2000.10.19
1.9	15.4	445.4	445.4	0	<0.001	<0.0008	1	0.002	<0.005	<0.008	<0.008	<0.0005		2001.08.22
1.4	14.7	327.8	327.8	0	<0.001	<0.0008	0.79	0.006	<0.005	<0.008	<0.008	<0.0005	0.6	2002.07.23
1.24	14.24	738	534	204	<0.001	<0.0008	0.51	0.0011	<0.01	0.005	<0.0005	0.000 42	1.38	2003.07.17
1	16.7	406	406	0	<0.001	<0.0008	1.07	0.001	<0.01	0.005	<0.0005	0.0004	0.39	2004.08.27
1.24	14.6	530	530	0	<0.001	<0.0002	0.54	0.000 33	<0.01	0.005	<0.0005	0.0004	0.97	2005.08.10
1.02	14	518	501	7	<0.002	<0.002	0.62	0.001	<0.01	0.005	<0.0005	0.0004	1.13	2006.08.12
1.22	14.5	452	452	20	<0.001	<0.001	0.68	0.000 61	<0.01	<0.002	<0.0002	0.0008	0.87	2007.08.21
3.67	8.3	331	331	0	<0.002	<0.002	0.36	0.0018	<0.01	<0.002	<0.0002	<0.000 04	<0.05	2008.08.12
1.22	14	491	491	0	<0.002	<0.002	0.82	<0.0004	<0.01	<0.002	<0.0002	<0.000 04	0.9	2009.09.03
1.07	10.7	444	444	0	<0.002	<0.002	1.63	0.0005	<0.01	0.0093	<0.0002	<0.000 04	0.11	2010.09.06
1.1	19.8	360.3	360.3	0	<0.001	<0.0008	0.31	0.017	<0.005	<0.008	<0.008	<0.0005		1999.07.01
0.7	18.3	247.7	205.2	42.5	<0.001	<0.0008	0.37	<0.002	<0.005	<0.008	<0.008	<0.0005		1998.06.23
0.3	16.1	337.8	280.3	57.5	<0.001	<0.0008	0.42	<0.002	0.008	<0.008	<0.008	<0.0005		1999.07.14
2.1	16.6	414.4	327.8	82.6	0.008	<0.0008	0.59	<0.002	0.015	<0.008	<0.008	<0.0005		2000.10.19
0.9	18.2	322.8	322.8	0	<0.001	<0.0008	0.55	<0.002	<0.005	0.008	0.008	<0.0005		2001.08.28
2.1	18.4	658.1	605.5	52.6	<0.001	<0.0008	0.39	0.004	0.008	0.008	0.008	<0.0005	0.9	2002.07.18
0.32	17.3	786	470	316	<0.001	<0.0008	0.13	0.0016	<0.01	<0.005	<0.0005	0.000 04	0.56	2003.07.21
1.32	22	1140	600	540	<0.001	<0.0008	0.1	0.0004	<0.01	<0.005	<0.0005	0.000 05	2.9	2004.08.30
0.8	15.5	645.8	538	107.8	<0.001	<0.0002	0.05	0.000 64	<0.01	<0.005	<0.0005	0.000 05	0.15	2005.08.11
0.86	15.6	196	196	0	<0.002	<0.002	0.1	0.0018	<0.01	<0.005	<0.0005	0.000 05	1.95	2006.08.11
0.73	15.3	119	119	0	<0.001	<0.001	0.11	0.0022	<0.01	<0.002	<0.0002	0.000 11	0.065	2007.08.22
1.48	15.3	117	117	0	<0.002	<0.002	0.18	0.003	<0.01	<0.002	<0.0002	0.000 16	<0.05	2008.08.14
1.52	15.5	89.8	89.8	0	<0.002	<0.002	0.15	<0.0004	<0.01	<0.002	<0.0002	<0.000 04	0.076	2009.09.04
0.82	13.1	110	110	0	<0.002	<0.002	0.11	<0.0004	<0.01	0.01	0.051	<0.000 04	0.13	2010.09.03
0.4	20.6	447.9	382.8	65.1	<0.001	<0.0008	0.28	<0.002	0.012	<0.008	<0.008	<0.0005		1996.07.15
0.9	20	352.8	292.8	60	0.001	<0.0008	0.23	<0.002	0.009	<0.008	<0.008	<0.0005		1997.07.08
0.6	19.8	450.4	372.8	77.6	<0.001	<0.0008	0.32	<0.002	0.013	<0.008	<0.008	<0.0005		1998.06.23
0.4	18.4	427.9	355.3	72.6	<0.001	<0.0008	0.41	<0.002	0.011	<0.008	<0.008	<0.0005		1999.07.14

续表

点号	年份	pH值	色度	浊度	臭和味	肉眼可见物	阳离子(mg/L)							阴离子(mg/L)						矿化度	溶解性固体
							钾离子	钠离子	钙离子	镁离子	氨氮	三价铁	二价铁	氯离子	硫酸根	重碳酸根	碳酸根	硝酸根	亚硝酸根		
501-1	1998	7.2						42.3	106.2	16.4	<0.01			27.3	52.8	360	0	44.5	0.033		506
502	1996	7.6						24.8	78.2	18.2	<0.01			20.6	45.1	259.3	0	454	0.003		382
	1997	7.6						19	82.2	21.3	<0.01			22.3	47.1	271.5	0	38.33	0.004		406
	1998	7.7						26.1	93.2	16.4	0.01			22.7	49	292.9	0	42	0.006		438
559	1996	7.6						38.6	56.1	37.1	<0.01			12.8	12	398.4	0	24	0.006		396
	1997	8						45.7	56.1	34.6	<0.01			15.2	14.4	378.3	9	25.33	0.006		400
	1998	7.7						46.9	52.1	34	<0.01			14.2	2.4	401.5	0	25.25	0.02		414
	1999	7.8						45.9	54.1	35.2	0.01			16	21.6	384.4	0	24.5	0.008		392
593-1	1998	7.5						76.3	170.3	35.2	<0.01			58.1	173.9	440.5	0	138.8	0.033		864
	1999	7.1						92.7	144.3	38.9	0.24			65.6	223.3	445.4	0	39.5	0.307		844
625	1998	7.7						45.1	48.1	39.5	<0.01			17.4	40.8	373.4	0	9.5	0.006		392
	1999	7.4						27.3	34.1	60.2	0.02			17.7	43.2	384.4	0	8.5	<0.003		416
588	2003	7.32					1.31	94.22	86.57	61.01	<0.01	<0.08		42.88	85.02	38.59	517.9	27.13	0.0085		790
	2004	7.44					0.87	109	120	70.4	<0.01	<0.08		57.8	119	714	0	28	<0.001		926
	2005	7.06					1.25	147	123	75.8	<0.01	<0.1		77.6	159	771	0	38.2	0.16		1077
	2006	7.33					1.03	128	90.5	140	<0.02	0.01		148	123	689	0	225	0.0064		1459
	2007	7.32					0.84	150	77.2	137	0.064	<0.05		104	166	794	0	170	0.0036		1426
	2008	7.38					0.85	94.6	33.4	38.3	0.13	<0.05		14.2	58.3	461	0	13	0.36		508
	2009	7.57					0.87	96.4	30.2	37.9	0.1	<0.05		16.1	63.6	448	0	13	<0.003		514
	2010	8.1					0.94	77.9	57.3	38.4	0.11	0.04		41	31.7	432	0	40.1	0.039		500
28-2	1996	7.7						34.2	48.1	6.1	0.01			7.4	61.5	177	0	<0.1	<0.001		248
585	2000	7.5						128.2	86.2	71.1	0.04			97.5	120.1	521.7	0	119.4	0.023		890
	2001	7.8						120.2	67.1	94.2	0.02			101	132.1	509.5	0	147.5	0.011		948
	2002	7.6						136.1	86.2	83.8	<0.01	<0.08		108.8	133	543.1	0	147.5	0.014		974
	2003	7.8					3.05	173.8	94.19	79	<0.01	0.11		94.03	172.1	470.1	65.6	137.2	0.034		1066
	2004	8.35					1.48	116	73.3	85.4	<0.01	<0.1		101	131	490	7.2	118	<0.001		1026
	2005	7.3					2.56	135	66.1	62.9	<0.01	<0.1		76.9	101	558	0	55.1	0.026		827
	2006	7.34					1.97	154	122	122	<0.02	0.21		170	218	529	11	283	0.0043		1612
	2007	7.6					0.97	77	55.4	5.95	<0.01	<0.05		31.4	35.3	298	0	0.52	<0.001		389
	2008	7.21					1.95	193	96.7	82.2	0.23	<0.05		150	182	558	0	249	0.29		1306
	2009	7.58					1.39	131	81.5	98.9	0.086	<0.05		76.4	192	594	0	75.1	0.015		1013
	2010	7.95					1.45	132	92.7	74.2	0.24	0.04		141	154	476	1.7	122	0.26		988
755	1996	7.6						27.6	83.2	26.1	<0.01			16.3	24	373.4	0	26	0.004		396
	1997	7.6						23.9	55.1	35.8	<0.01			12.1	18.3	347.8	0	19.66	0.007		358
	1998	7.7						28.7	79.2	27.9	<0.01			12.4	28.8	377.7	0	22.25	0.014		406
	1999	7.5						30.5	29.1	55.3	0.06			16	19.2	378.3	0	17.25	0.014		370

COD	可溶性 SiO_2	硬度(以碳酸钙计,mg/L)			毒理学指标,mg/L									取样时间
		总硬	暂硬	永硬	挥发分	氰化物	氟离子	砷	六价铬	铅离子	镉离子	汞离子	锰离子	
0.8	24.1	332.8	295.3	37.5	<0.001	<0.0008	0.21	0.008	<0.005	<0.008	<0.008	<0.0005		1998.06.29
0.6	21.8	270.2	212.7	57.5	0.001	<0.0008	0.24	<0.002	<0.002	<0.008	<0.008	<0.0005		1996.07.25
0.8	20.1	292.8	223.2	69.6	0.001	<0.0008	0.23	<0.002	0.016	<0.008	<0.008	<0.0005		1997.07.09
0.5	20.1	300.3	240.2	60.1	<0.001	<0.0008	0.21	<0.002	<0.005	<0.008	<0.008	<0.0005		1998.06.29
0.6	17.4	292.8	292.8	0	<0.001	<0.0008	0.68	<0.002	0.036	<0.008	<0.008	<0.0005		1996.07.16
0.7	16.8	282.8	282.8	0	<0.001	<0.0008	0.58	<0.002	0.041	<0.008	<0.008	<0.0005		1997.07.08
1.2	16.7	270.2	270.2	0	<0.001	<0.0008	0.55	0.005	0.054	<0.008	<0.008	<0.0005		1998.07.01
0.8	17.1	280.3	280.3	0	<0.001	<0.0008	0.56	0.031	0.038	<0.008	<0.008	<0.0005		1999.06.28
1.6	23.5	570.5	361.3	209.2	<0.001	<0.0008	0.32	<0.002	<0.005	0.008	<0.008	<0.0005		1998.06.27
2.2	20	520.5	365.3	155.2	<0.001	<0.0008	0.32	0.052	0.005	0.008	<0.008	<0.0005		1999.06.28
0.6	15.4	282.8	282.8	0	<0.001	<0.0008	0.93	0.007	<0.005	<0.008	<0.008	<0.0005		1998.06.30
0.4	14	332.8	315.3	17.5	<0.001	<0.0008	1.32	0.017	<0.005	<0.008	<0.008	<0.0005		1999.06.30
0.32	17.67	467	467	0	<0.001	<0.0008	0.24	0.0006	0.015	<0.005	<0.0005	0.000 03	0.04	2003.07.22
0.66	16	604	589	15	<0.001	<0.0008	0.47	0.0014	0.045	<0.005	<0.0005	0.000 05	0.06	2004.09.03
0.96	13.4	619.1	619.1	0	<0.001	<0.0002	0.34	0.0016	0.055	<0.005	<0.0005	0.000 05	<0.05	2005.08.09
0.67	16.4	800	565	235	<0.002	<0.002	0.39	0.00095	0.016	<0.005	<0.0005	0.000 05	<0.01	2006.08.12
0.77	17	757	651	106	<0.001	<0.001	0.71	0.002	0.014	<0.002	<0.0002	0.000 07	<0.05	2007.08.21
1.01	14.9	241	241	0	<0.002	<0.002	0.54	0.0026	0.044	<0.002	<0.0002	0.00013	<0.05	2008.08.18
1.12	15.4	231	231	0	<0.002	<0.002	0.82	<0.0004	0.04	<0.002	<0.0002	<0.000 04	<0.05	2009.09.02
0.74	12	301	301	0	<0.002	<0.002	0.07	0.001	0.1	0.023	<0.0002	<0.000 04	0.03	2010.09.03
0.8	16.2	145.1	145.1	0	<0.001	<0.0008	0.15	<0.002	<0.002	<0.008	<0.008	<0.0005		1996.07.23
0.7	18.3	508	427.9	80.1	<0.001	<0.0008	0.81	<0.002	0.073	<0.008	<0.008	<0.005		2000.10.19
0.6	17.1	505.5	417.9	87.6	<0.001	<0.0008	0.91	<0.002	0.062	<0.008	<0.008	<0.005		2001.08.22
0.8	18.1	560.5	445.1	115.1	<0.001	0.0011	0.74	<0.002	0.062	<0.008	<0.008	<0.005	<0.02	2002.07.30
0.32	18.72	561	476	85	<0.001	<0.0008	0.26	0.0007	<0.01	<0.005	<0.0005	0.000 04	<0.05	2003.07.14
0.35	17.7	534	418	116	<0.001	<0.0008	0.71	0.0012	<0.01	0.005	<0.0005	0.000 04	<0.05	2004.09.01
0.92	16.5	423.9	423.9	0	<0.001	<0.0002	0.72	0.000 96	0.048	<0.005	<0.0005	0.000 04	<0.05	2005.08.09
0.55	21.8	804	443	361	<0.002	<0.002	0.24	0.0012	0.039	<0.005	<0.0005	0.000 04	0.01	2006.08.24
0.54	20.6	160	160	0	<0.001	0.0026	0.21	0.0012	<0.01	<0.002	<0.0002	0.000 09	<0.05	2005.08.22
1.18	19.1	580	458	122	<0.002	0.0021	0.33	0.0019	<0.01	<0.002	<0.0002	0.000 24	<0.05	2008.08.12
1.02	18.3	611	486	124	<0.002	<0.002	0.7	<0.0004	0.04	<0.002	<0.0002	<0.000 04	<0.05	2009.09.08
0.74	17.5	537	393	144	<0.002	<0.002	0.55	0.0009	0.059	<0.002	0.0013	<0.000 04	0.03	2010.09.03
0.3	19.1	315.3	306.3	9	<0.001	<0.0008	0.38	<0.002	0.028	<0.008	<0.008	<0.0005		1996.07.24
0.7	18.6	285.3	285.3	0	<0.001	<0.0008	0.3	<0.002	0.006	<0.008	<0.008	<0.0005		1997.07.09
0.7	17.9	312.8	309.8	3	<0.001	<0.0008	0.33	<0.002	0.033	<0.008	<0.008	<0.0005		1998.07.02
0.4	18.3	300.3	300.3	0	<0.001	<0.0008	0.38	0.038	0.031	<0.008	<0.008	<0.0005		1999.06.29

续表

点号	年份	pH值	色度	浊度	臭和味	肉眼可见物	阳离子(mg/L)							阴离子(mg/L)						矿化度	溶解性固体
							钾离子	钠离子	钙离子	镁离子	氨氮	三价铁	二价铁	氯离子	硫酸根	重碳酸根	碳酸根	硝酸根	亚硝酸根		
沣28	1998	7.5						21.6	103.2	15.2	<0.01			12.4	103.3	295.3	0	<2.5	0.005		430
20浅	1996	7.5						41.3	81.2	17	<0.01			32.3	64.8	274.6	0	30	0.004		394
	1997	7.4						59.7	76.2	26.7	<0.01			43.6	88.9	305.1	0	31.93	0.005		510
	1998	7.4						44.1	85.2	15.2	<0.01			28.4	62.4	295.9	0	29	<0.003		420
593	1996	7.6						83.5	109.2	64.4	<0.01			57.1	225.7	275.8	0	220	0.012		948
	1997	7.3						78.9	205.4	48	<0.01			57.8	233.4	387.5	0	296.6	0.277		1160
21	1996	7.5						88.5	48.1	30.4	0.16			60.3	88.9	317.3	0	<0.1	0.22		492
	1997	7.8						84.9	83.2	8.5	0.01			58.5	80.7	317.3	0	<2.5	0.581		472
	1998	7.5						85.4	56.1	30.4	0.26			63.8	72	349	0	<2.5	0.297		494
594	1998	7.7						86.9	73.1	52.3	<0.01			33.3	61	537	0	44.5	0.014		630
	1999	7.6						70.8	77.2	54.1	0.02			33.7	55.2	515.6	0	51.5	0.016		600
874	1996	7.5						147.8	116.2	76	<0.01			135.1	221.4	599.8	0	14	0.003		1012
	1997	7.4						150.8	107.2	74.1	<0.01			157	225.7	503.4	0	38.76	0.018		1006
	1998	7.4						163.6	132.3	79	<0.01			193.6	254.6	551.6	0	25.5	0.014		1096
4	1998	7.7						93	83.2	18.2	0.12			33.7	192.1	289.8	0	<2.5	0.082		582
J7	1998	7.5						18.4	79.2	14	0.22			11.3	60	253.2	0	11.75	0.043		346
98-1	1998	7.8						89.9	50.1	27.3	<0.01			15.6	32.2	433.2	0	27.8	0.004		474
98-2	1998	7.2						23.2	114.2	19.4	0.01			26.2	51.4	361.8	0	35.25	0.009		490
239	1998	7.7						111.3	94.2	32.8	0.02			67	80.2	436.3	0	95	0.007		710
	1999	7.3						122.5	132.3	54.1	0.02			111.7	172.9	466.8	0	122.5	0.01		942
101	1998	7.7						140.4	77.6	50.8	<0.01			70.9	165.7	463.7	0	68.5	0.056		818
609	2001	7.2						109.2	120.2	65.6	<0.01			102.8	146.5	488.1	0	136.3	0.016		940
	2002	7.5						100.6	58.1	20.7	0.1	0.1		63.8	57.6	347.8	0	17.75	0.054		510
	2003	7.9					1.1	87.18	64.93	17.5	<0.01	0.11		56.1	52.35	294.3	23.15	14.9	0.018		543
	2004	8.14					0.87	93.1	71.5	18.2	<0.01	<0.08		51.8	57.7	350	51.8	17.1	0.049		610
	2005	7.56					1.48	93.2	65.7	19.9	<0.01	<0.1		57.6	57.5	360	0	17.8	0.009		539
	2006	7.69					0.84	81.1	61.3	15.8	<0.02	0.17		64.78	56.7	274	8.64	8.76	0.011		484
612	1998	7.3						70.3	120.2	50.4	<0.01			56.7	72	482	0	136.3	0.386		732
	1999	7.3						71.1	30.1	89.9	0.06			46.1	55.2	466.8	0	117.5	0.006		664
812	1999	7.3						18.1	71.1	33.4	0.04			26.6	36	292.9	0	49	<0.003		424
847	1998	7.7						36.2	72.1	41.9	<0.01			35.4	48	366.1	0	38.5	0.111		488
851	1998	7.4						34.7	126.3	42.5	<0.01			37.9	58.6	506.4	0	44.5	0.012		616
	1999	7.3						27	125.2	38.9	0.01			37.2	50.4	479	0	41.75	0.014		570
852	1998	7.5						23.9	119.2	24.9	0.06			28	15.4	448.5	0	36	0.012		502
	1999	7.1						16.6	126.3	24.3	0.2			26.6	19.2	445.4	0	26.25	7.425		520
856	1998	7.2						70.7	137.3	40.1	<0.01			77.6	80.2	483.9	0	89	0.04		802
	1999	7.4						42	122.2	31	0.01			35.4	33.6	475.9	0	60.5	0.003		600

COD	可溶性 SiO_2	硬度(以碳酸钙计,mg/L)			毒理学指标,mg/L									取样时间
		总硬	暂硬	永硬	挥发分	氰化物	氟离子	砷	六价铬	铅离子	镉离子	汞离子	锰离子	
1.5	11.6	320.3	242.2	78.1	<0.001	<0.0008	0.19	<0.002	<0.005	<0.008	<0.008	<0.0005		1998.06.30
0.4	13.4	272.7	225.2	47.5	<0.001	<0.0008	0.28	<0.002	0.004	<0.008	<0.008	<0.0005		1996.07.15
1.1	15.4	300.3	250.2	50.1	<0.001	<0.0008	0.25	<0.002	0.01	<0.008	<0.008	<0.0005		1997.07.08
0.6	12.9	275.2	242.7	32.5	0.002	<0.0008	0.34	<0.002	<0.005	<0.008	<0.008	<0.0005		1998.06.23
0.8	21.4	538	226.2	311.8	<0.001	<0.0008	0.44	<0.002	0.008	<0.008	<0.008	<0.0005		1996.07.25
1.4	23.5	710.6	317.8	392.8	0.001	<0.0008	0.27	<0.002	0.01	0.034	<0.008	<0.0005		1997.07.09
1.5	13.6	245.2	245.2	0	<0.001	<0.0008	0.62	<0.002	<0.002	<0.008	<0.008	<0.0005		1996.07.17
1.8	14.4	242.7	242.7	0	<0.001	<0.0008	0.46	<0.002	<0.005	<0.008	<0.008	<0.0005		1997.07.22
2.6	13.2	265.2	265.2	0	<0.001	<0.0008	0.71	0.002	<0.005	<0.008	<0.008	<0.0005		1998.07.27
0.4	19.3	397.9	397.9	0	<0.001	<0.0008	0.48	<0.002	0.025	<0.008	<0.008	<0.0005		1998.06.29
0.9	19	415.4	415.4	0	<0.001	<0.0008	0.56	0.034	0.017	<0.008	<0.008	<0.0005		1999.06.28
0.8	17.2	603	491.9	111.1	<0.001	<0.0008	0.54	<0.002	<0.002	<0.008	<0.008	<0.0005		1999.06.28
0.6	15.2	573	412.9	160.1	<0.001	<0.0008	0.42	<0.002	<0.005	<0.008	<0.008	<0.0005		1997.07.16
1	17	655.6	452.4	203.2	<0.001	<0.0008	0.47	<0.002	<0.005	<0.008	<0.008	<0.0005		1998.06.30
2.1	15.6	282.8	237.7	45.1	<0.001	<0.0008	0.32	<0.002	<0.005	<0.008	<0.008	<0.0005		1998.07.30
1.3	12.7	255.2	207.7	47.5	<0.001	<0.0008	0.31	<0.002	<0.005	0.002	<0.008	<0.0005		1998.06.23
0.5	21	237.7	237.7	0	<0.001	<0.0008	0.58	<0.002	0.035	<0.008	<0.008	<0.0005		1998.06.24
0.6	21	365.3	296.8	68.5	<0.001	<0.0008	0.24	0.01	<0.005	<0.008	<0.008	<0.0005		1998.06.29
0.8	18.6	370.3	357.8	12.5	<0.001	<0.0008	0.39	<0.002	0.062	<0.008	<0.008	<0.0005		1998.06.25
0.7	17	553	382.8	170.2	<0.001	<0.0008	0.41	0.02	0.006	<0.008	<0.008	<0.0005		1999.07.07
1.1	16.2	402.9	380.3	22.6	<0.001	<0.0008	0.69	0.002	0.011	<0.008	<0.008	<0.0005		1998.07.28
0.8	18.7	570.5	400.4	170.1	<0.001	<0.0008	0.58	<0.002	0.331	<0.008	<0.008	0.000 05		2001.08.27
0.8	19.5	230.2	230.2	0	<0.001	<0.0008	0.35	<0.002	<0.005	<0.008	<0.008	0.000 05	0.08	2002.07.29
0.24	20.4	234	234	0	<0.001	<0.0008	0.14	0.0042	<0.01	<0.005	<0.0005	0.000 04	0.08	2003.07.22
0.54	19.9	254	254	0	<0.001	<0.0008	0.28	0.0026	<0.01	<0.005	<0.0005	0.000 04	0.06	2004.09.03
1.16	19	245.9	245.9	0	<0.001	<0.0002	0.18	0.0019	<0.01	<0.005	<0.0005	0.000 05	0.07	2005.08.09
0.47	18.6	218	218	0	<0.001	<0.0002	0.28	0.0046	<0.01	<0.005	<0.0005	0.000 05	0.049	2006.08.21
1	18.4	508	395.4	112.6	<0.001	<0.0008	0.32	0.005	0.01	<0.008	<0.008	<0.0005		1998.07.01
0.4	19.3	445.4	382.8	62.6	<0.001	<0.0008	0.32	0.044	0.005	<0.008	<0.008	<0.0005		1999.06.29
0.2	18.5	315.3	240.2	75.1	<0.001	<0.0008	0.26	0.044	0.007	<0.008	<0.008	<0.0005		1999.06.29
1.1	19.5	352.8	300.3	52.5	<0.001	<0.0008	0.32	0.003	0.009	<0.008	<0.008	<0.0005		1998.07.02
0.8	21.5	490.4	415.4	75	<0.001	<0.0008	0.25	<0.002	0.021	<0.008	<0.008	<0.0005		1998.06.29
1.7	22	472.9	392.9	80	<0.001	<0.0008	0.3	0.032	0.01	<0.008	<0.008	<0.0005		1999.06.28
0.5	21.1	400.4	367.8	32.6	<0.001	<0.0008	0.34	<0.002	0.002	<0.008	<0.008	<0.0005		1998.06.24
4.9	21.3	415.4	365.3	50.1	<0.001	<0.0008	0.43	<0.002	0.016	<0.008	<0.008	<0.0005		1999.07.14
0.9	25.9	508	396.9	111.1	<0.001	<0.0008	0.2	0.01	<0.005	<0.008	<0.008	<0.0005		1998.06.29
0.8	25	432.9	390.4	42.5	<0.001	<0.0008	0.26	0.04	0.015	0.018	<0.008	<0.0005		1999.06.28

续表

点号	年份	pH值	色度	浊度	臭和味	肉眼可见物	阳离子(mg/L)							阴离子(mg/L)						矿化度	溶解性固体
							钾离子	钠离子	钙离子	镁离子	氨氮	三价铁	二价铁	氯离子	硫酸根	重碳酸根	碳酸根	硝酸根	亚硝酸根		
857-1	1998	7.8					13.3		73.1	15.3	<0.01			4.3	15.4	299	0	9.25	0.008		294
857	1999	7.3					20.1		67.1	15.8	0.01			3.5	16.8	268.5	0	8	0.011		294
858	1998	7.8					30.8		110.2	18.8	<0.01			29.1	181.6	219.7	0	11.75	0.044		514
	1999	7.1					59.4		132.3	82	0.01			148.9	201.7	396.6	0	64	0.012		936
W22	2000	7.9					87.4		44.1	18.2	0.12			44.3	64.8	299	0	<2.5	0.3		416
	2001	7.8					112.4		42.1	25.5	0.24			58.5	108.1	317.3	0	<2.5	0.086		528
	2002	7.9					104.7		44.1	23.1	0.12	<0.08		65.6	98.9	289.8	0	<2.5	0.018		472
	2003	8.1					0.28	83.88	41.28	22.36	<0.01	0.46		42.78	62.11	276.2	14.45	<0.5	0.0044		433
	2004	8.32					0.44	101	41.2	26.2	<0.01	1.86		56.6	85.6	312	8.65	<0.5	<0.001		503
	2005	7.76					1.54	113	46.1	30.4	<0.01	0.17		65.2	102	348	0	1.12	<0.001		504
	2006	7.94					0.85	104	54.1	29.4	<0.02	0.15		72	79.3	341	12.6	<0.1	0.0036		551
	2007	7.9					0.87	117	54.3	30.8	<0.01	<0.05		72.5	109	375	0	1.25	0.018		590
	2008	7.7					0.96	110	49.1	30.1	0.24	<0.05		64.7	104	376	0	1.05	<0.001		538
	2009	7.86					0.83	128	36.9	30.5	0.21	<0.05		62	118	381	0	1.02	<0.003		587
	2010	8.15					1.63	111	20.8	22.7	0.13	6.32		67.3	72.6	275	3.4	0.4	<0.003		450
E1	2000	7.5					112		55.1	17	0.06			143.6	58.6	228.8	0	<2.5	0.024		502
K733	2000	7.7					17.9		49.1	7.3	0.38			7.1	38.4	173.9	0	<2.5	0.004		216
N7	2000	8.1					161.9		13	1.8	0.24			76.2	33.6	280.7	12	<2.5	0.074		442
	2001	7.9					162.1		14	1.2	0.24			81.5	26.4	305.7	0	<2.5	0.096		468
	2002	8.1					164.1		10	3	0.26	0.084		76.2	31.2	311.2	0	<2.5	0.09		464
	2003	8.2					0.68	156.4	15.63	5.1	<0.01	0.11		71.46	22.66	239.6	42.45	0.41	0.026		482
	2004	8.66					0.58	172	9.32	3.65	<0.01	0.14		69.2	24.4	315	15.8	0.39	0.068		462
	2005	7.95					1.5	166	30.5	4.37	<0.01	0.17		62	20.2	405	7.56	1.6	<0.001		460
	2008	7.09					0.43	195	51.8	4.58	0.079	<0.05		65.2	225	339	0	0.86	<0.001		768
	2009	8.13					0.52	233	9.79	5.78	0.071	<0.05		63.6	200	339	0	1.25	<0.003		660
	2010	8.11					0.51	169	13.8	3.65	0.09	0.16		85.2	58	292	0	0.23	<0.0041		490
K371	2003	7.92					2.42	117.9	35.27	90.66	<0.01	0.21		54.31	94.79	537.5	34.68	59.19	0.011		790
	2004	8.06					1.65	127	33.6	93.7	<0.01	0.013		60.9	112	593	0	70.7	0.001		880
	2005	7.46					4.82	146.5	40.9	111	<0.01	<0.1		79.2	117	694	0	94.5	0.014		1000
	2008	7.6					5.46	175	124	156	0.086	0.093		243	224	694	0	342	0.022		1645
	2009	7.47					5.73	276	60.6	150	0.065	<0.05		235	272	686	0	331	0.0036		1693
	2010	7.88					0.9	160	39.9	15.8	0.13	0.19		106	89.2	287	0	51.8	0.1		621
S38	2000	7.8					91.3		31.1	15.2	<0.01			93.9	49	189.2	0	<2.5	0.005		410
	2001	7.9					87		40.1	12.8	<0.01			86.9	61.5	189.2	0	<2.5	0.025		386
	2002	7.9					90.9		35.1	9.7	<0.01	<0.08		79.8	52.8	192.2	0	<2.5	<0.003		376
	2004	7.98					1.06	41.9	53.3	20.9	<0.01	<0.08		11.5	21.3	334	0	4.03	<0.001		364

COD	可溶性 SiO_2	硬度(以碳酸钙计,mg/L)			毒理学指标,mg/L									取样时间
		总硬	暂硬	永硬	挥发分	氰化物	氟离子	砷	六价铬	铅离子	镉离子	汞离子	锰离子	
0.5	21.6	245.7	245.2	0.5	<0.001	<0.0008	0.31	0.006	0.022	<0.008	<0.008	<0.0005		1998.06.29
1.3	21.3	232.7	220.2	12.5	<0.001	<0.0008	0.39	0.038	0.007	<0.008	<0.008	<0.0005		1999.06.28
1.2	17.8	352.8	180.2	172.6	0.001	<0.0008	0.29	<0.002	<0.005	<0.008	<0.008	<0.0005		1998.07.02
0.7	24.2	668.1	325.3	342.8	0.001	<0.0008	0.22	0.89	<0.005	<0.008	<0.008	<0.0005		1999.06.29
1	15.2	185.2	185.2	0	0.001	<0.0008	0.53	<0.002	0.013	<0.008	<0.008	<0.0005		2000.10.19
0.8	15.3	210.2	210.2	0	<0.001	<0.0008	0.71	<0.002	<0.005	<0.008	<0.008	<0.0005		2001.08.22
0.9	15.8	205.2	205.2	0	<0.001	<0.0008	0.54	0.003	<0.005	<0.008	<0.008	<0.0005	0.16	2002.07.23
0.8	14.19	195	195	0	<0.001	<0.0008	0.26	0.0007	<0.01	<0.005	<0.0005	0.000 04	0.14	2003.07.14
0.56	12.1	211	211	0	<0.001	<0.0008	0.51	0.0003	<0.01	0.007	0.0006	0.000 03	0.26	2004.08.26
0.88	13.7	240	240	0	<0.001	<0.0002	0.51	<0.0003	<0.01	<0.005	<0.001	<0.000 03	0.15	2005.08.09
0.75	14.7	256	256	0	<0.002	<0.002	0.35	0.000 71	<0.01	<0.005	<0.001	0.000 04	0.14	2006.08.12
1.1	14.3	263	263	0	<0.001	<0.001	0.56	<0.0004	<0.01	<0.002	<0.0002	<0.000 04	0.15	2007.08.21
0.68	14.8	246	246	0	<0.002	<0.002	0.49	<0.0004	<0.01	<0.002	<0.0002	<0.000 04	<0.05	2008.08.11
0.72	14.7	218	218	0	<0.002	<0.002	0.58	<0.0004	<0.01	<0.002	<0.0002	<0.000 04	<0.05	2009.09.03
0.91	6.2	145	145	0	<0.002	<0.002	0.48	<0.0004	<0.01	<0.002	<0.0002	<0.000 04	0.25	2010.09.03
0.7	17.7	207.7	187.7	20	<0.001	<0.0008	0.42	0.002	<0.005	<0.008	<0.008	<0.0005		2000.10.10
1.2	18.3	152.6	142.6	10	<0.001	0.0009	0.32	0.002	<0.005	<0.008	<0.008	<0.0005		2000.09.26
2.5	14.3	40	40	0	0.001	<0.0008	1.62	0.053	<0.005	<0.008	<0.008	<0.0005		2000.09.26
2.1	14.3	40	40	0	<0.001	<0.0008	1.74	0.059	<0.005	<0.008	<0.008	<0.0008		2001.08.23
1.8	13.8	37.5	37.5	0	<0.001	<0.0008	1.38	0.049	0.006	<0.008	<0.008	<0.0008	<0.02	2002.07.25
1.2	14.14	60.1	60.1	0	<0.001	<0.0008	1.25	0.046	<0.01	<0.005	<0.0005	0.000 04	<0.05	2003.07.21
1.47	14.4	38.5	38.5	0	<0.001	<0.0008	1.35	0.042	<0.01	<0.005	<0.0005	0.000 05	0.03	2004.09.01
1.88	14.4	94.1	94.1	0	<0.001	<0.0002	1.19	0.051	<0.01	<0.005	<0.0005	0.000 08	<0.05	2005.08.10
2.82	13.4	148	148	0	<0.002	<0.002	1.1	0.000 66	<0.01	0.0021	<0.0002	0.0001	<0.05	2008.08.14
2.64	14	48.3	48.3	0	<0.002	<0.002	1.5	0.0093	<0.01	<0.002	<0.0002	<0.000 04	<0.05	2009.09.04
1.57	10.1	49	49	0	<0.002	<0.002	1.52	0.056	<0.01	0.0051	<0.0002	<0.000 04	0.08	2010.09.03
0.36	14.6	461	461	0	<0.001	<0.0008	0.56	0.0008	0.02	0.005	<0.0005	0.000 04	<0.05	2003.07.18
0.38	14.8	469	469	0	<0.001	<0.0008	0.98	0.0028	0.015	0.005	0.0005	0.000 05	0.02	2004.08.27
1	13.8	559	559	0	<0.001	<0.0002	0.95	0.0027	0.018	<0.005	<0.0005	0.000 06	<0.05	2005.08.09
0.89	14.9	953	569	384	<0.002	<0.002	0.2	0.0028	0.049	<0.002	<0.0002	0.000 15	<0.05	2008.08.11
0.91	15	770	563	207	<0.002	<0.002	0.78	0.0012	0.03	<0.002	<0.0002	<0.000 04	<0.05	2009.09.04
1.15	14.5	165	165	0	<0.002	<0.002	0.65	0.002	<0.01	0.0064	<0.0002	<0.000 04	0.04	2010.09.06
0.6	18.3	140.1	140.1	0	<0.001	<0.0008	0.32	0.012	<0.005	<0.008	<0.008	0.000 05		2000.10.24
0.6	17.2	152.6	152.6	0	<0.001	<0.0008	0.48	0.014	<0.005	<0.008	<0.008	0.000 05		2001.08.21
0.5	17.6	127.6	127.6	0	<0.001	<0.0008	0.35	0.02	<0.005	<0.008	<0.008	0.000 05	<0.02	2002.07.18
0.44	19.9	218	218	0	<0.001	<0.0008	0.32	0.0019	<0.01	<0.005	<0.0005	0.000 04	<0.05	2004.09.05

续表

点号	年份	pH值	色度	浊度	臭和味	肉眼可见物	阳离子(mg/L)							阴离子(mg/L)						矿化度	溶解性固体
							钾离子	钠离子	钙离子	镁离子	氨氮	三价铁	二价铁	氯离子	硫酸根	重碳酸根	碳酸根	硝酸根	亚硝酸根		
S38	2005	7.42					1.93	42.4	71.3	15.3	<0.01		<0.1	11.7	20.3	358	0	4.79	0.036		370
	2006	7.79					1.05	38.4	73.2	14.7	<0.02		0.17	11.9	21.3	331	9.43	4.89	0.036		373
	2007	7.59					0.81	106	73.8	15	<0.01		<0.05	67.6	51.8	404	0	8.27	0.019		512
	2008	7.33					1.16	44.5	75.6	17.4	0.58		<0.05	12.3	31.6	395	0	4.47	1.15		409
	2009	7.33					1.19	47.8	72.3	16.9	0.54		<0.05	13.2	38.8	384	0	4.86	<0.003		421
	2010	8.05					1.39	52.5	80	19.4	0.07		0.1	30.2	43.9	360	0	16	0.0094		432
E14	2002	7.8						118.8	34.1	19.4	<0.01		<0.08	49.6	76.8	326.4	0	7.25	0.009		480
	2003	7.64					1.21	88.5	49.3	24.55	<0.01		0.05	31.6	80.51	364.4	0	7.24	0.0048		527
	2004	8.19					1.14	98.6	58.1	22	<0.01		<0.08	42.6	69.8	342	17.3	5.53	0.083		482
	2005	7.61					2.4	95.5	58.1	23.1	<0.01		<0.1	39.5	73.4	374	0	10.1	0.009		487
N25	2000	7.9						119.8	17	0.6	0.22			40.8	37	256.3	0	<2.5	<0.003		352
	2001	8						119.6	15	1.2	<0.01			42.5	31.2	231.9	12	<2.5	0.106		370
	2002	8.7						96.1	12	3	0.14		<0.08	65.6	8.6	158.6	12	<2.5	0.223		268
	2003	7.84					1.36	84.89	17.23	7.3	<0.01		4.4	67.8	2.89	164.5	17.34	1.88	<0.001		353
	2004	8.47					0.43	97.3	14.6	7.66	<0.01		3.08	88.5	6.32	172	5.76	0.39	0.012		309
	2005	7.62					1	114	38.9	4.13	<0.01		0.17	28.8	24.6	356	0	1.93	0.01		338
	2006	8.3					0.41	112	34.5	2.75	<0.02		0.087	38.8	33.8	270	15.7	1.97	0.035		326
	2007	7.9					0.39	131	31.1	3.47	<0.01		<0.05	39.2	35.8	335	0	1	<0.001		367
	2008	8.04					0.57	133	9.97	2.28	0.076		0.059	35.4	36.4	274	0	3.76	<0.001		346
	2009	8.1					0.32	125	7.15	2.47	0.043		0.076	31.7	42.3	271	0	1.12	<0.003		365
	2010	8.15					0.67	113	40.6	15.4	0.18		0.7	29.7	43.7	377	0	0.036	<0.003		421
K83-1	2000	7.7						26.3	44.1	3.6	0.14			3.5	36	170.9	0	<2.5	<0.003		212
#281	2000	7.3						139.6	94.2	42.5	0.08			120.5	204.1	399.7	0	4.5	0.02		794
	2001	7.5						67.2	77.2	31.6	0.14			37.2	52.8	441.2	0	<2.5	0.014		510
	2002	7.3						258.7	153.3	66.8	0.2		0.784	179	350.6	738.3	0	<2.5	0.028		1376
	2003	7.3					2.9	197.4	168.7	88.47	<0.01		2.35	147.6	446.1	570	34.73	1.72	<0.001		1485
K22	2000	7.5						21.8	47.1	8.5	<0.01			8.9	31.2	180	0	9.12	0.004		220
	2001	7.3						55.8	94.2	18.2	<0.01			35.4	93.7	317	0	29.5	0.003		500
	2002	7.5						20.3	68.1	10.3	<0.01		<0.08	16	49.5	208	0	15.8	0.014		300
	2003	7.26					1.06	12.4	75	9.48	<0.01		0.06	12.04	38.8	223	0	14.3	0.0052		319
	2004	8.03					0.69	13.6	61.7	9.24	<0.01		0.71	11.2	46.7	181	0	15.6	0.03		293
	2005	7.4					2.03	14	65.3	10.7	<0.01		0.17	10.4	35.8	215	0	14.2	0.013		322
	2006	7.7					1.78	15	86.2	14.8	<0.02		0.011	16	51.3	260	3.14	21.5	<0.001		371
	2007	7.76					1.72	17.4	63.4	14.1	<0.01		0.21	19.6	56.6	201	0	20	0.0026		337
	2008	7.56					0.33	46.3	50	12.6	0.17		<0.05	15.4	46.5	219	0	15	<0.001		312
	2009	7.84					1.86	18.9	60.5	15.5	0.17		<0.05	20.2	44.8	220	0	20.3	0.092		302
	2010	7.76					1.85	39.8	82.6	14.4	0.07		0.02	35	99.7	242	0	14.3	0.37		406

COD	可溶性SiO_2	硬度(以碳酸钙计,mg/L)			毒理学指标,mg/L									取样时间
		总硬	暂硬	永硬	挥发分	氰化物	氟离子	砷	六价铬	铅离子	镉离子	汞离子	锰离子	
0.6	19.8	241	241	0	＜0.001	＜0.0002	0.29	0.009	＜0.01	＜0.005	＜0.0005	0.000 05	＜0.05	2005.08.09
0.6	19.8	243	243	0	＜0.001	＜0.0002	0.28	0.0034	＜0.01	＜0.005	＜0.0005	0.000 05	0.01	2006.08.21
0.69	18.9	246	246	0	＜0.001	＜0.001	0.38	0.0012	＜0.01	＜0.002	＜0.0002	＜0.000 04	0.12	2007.08.21
1.39	21.6	260	260	0	＜0.002	＜0.002	0.27	0.0012	＜0.01	＜0.002	＜0.0002	＜0.000 04	＜0.05	2008.08.15
1.06	22	250	250	0	＜0.002	＜0.002	0.33	0.091	＜0.01	＜0.002	＜0.0002	＜0.000 04	＜0.05	2009.09.02
0.41	20.6	280	280	0	＜0.002	＜0.002	0.3	0.0009	＜0.01	0.003	＜0.0002	＜0.000 04	0.1	2010.09.03
0.5	17.8	165.1	165.1	0	＜0.001	＜0.0008	1.05	0.007	0.012	＜0.008	＜0.008	0.000 05	＜0.02	2002.07.18
0.44	20.93	224	224	0	＜0.001	＜0.0008	0.39	0.0006	0.01	＜0.005	＜0.0005	0.000 05	0.02	2003.07.14
0.76	17.6	232	232	0	＜0.001	＜0.0008	1.07	0.011	0.012	＜0.005	＜0.0005	0.000 07	0.04	2004.09.03
0.92	19.6	240.1	240.1	0	＜0.001	＜0.0002	0.82	0.0044	0.01	＜0.005	＜0.0005	0.000 06	＜0.05	2005.08.09
1.7	15.1	45	45	0	＜0.001	＜0.0008	1.35	0.033	＜0.005	＜0.008	＜0.008	0.000 05		2000.10.10
1.8	13.5	42.5	42.5	0	＜0.001	＜0.0008	1.58	0.043	＜0.005	＜0.008	＜0.008	0.000 05		2001.08.23
1.2	2	42.5	42.5	0	＜0.001	＜0.0008	0.68	＜0.002	＜0.005	＜0.008	＜0.008	0.000 05	0.48	2002.07.23
2.4	2.71	72.1	72.1	0	＜0.001	＜0.0008	0.36	0.0014	0.01	＜0.005	＜0.0005	0.000 07	0.4	2003.07.14
0.68	1.92	68	68	0	＜0.001	＜0.0008	0.4	0.0007	＜0.01	0.011	0.0006	0.000 06	0.62	2004.08.27
1.24	14.9	114	114	0	＜0.001	＜0.0002	1.14	0.026	＜0.01	＜0.005	＜0.0005	0.000 08	＜0.05	2005.08.10
1.61	14.1	97	97	0	＜0.002	＜0.002	1.35	0.045	＜0.01	＜0.005	＜0.0005	0.000 05	0.043	2006.08.24
1.58	13.7	92	92	0	＜0.001	＜0.001	1.7	0.0023	＜0.01	＜0.002	＜0.0002	0.0001	＜0.05	2007.08.21
1.1	13.7	34.3	34.3	0	＜0.002	＜0.002	1.6	0.002	＜0.01	＜0.002	＜0.0002	0.000 16	＜0.05	2008.08.11
0.91	13.6	28.1	28.1	0	＜0.002	＜0.002	1.7	0.0091	＜0.01	＜0.002	＜0.0002	＜0.000 04	＜0.05	2009.09.03
0.99	1.44	165	1650	0	＜0.002	＜0.002	0.41	0.008	＜0.01	0.0098	＜0.0002	＜0.000 04	0.12	2010.09.02
0.8	16.4	125.1	125.1	0	0.005	＜0.0008	0.21	0.002	＜0.005	＜0.008	＜0.008	＜0.0005		2000.09.26
2.1	16.6	410.4	327.8	82.6	0.008	＜0.0008	0.59	＜0.0002	0.015	＜0.008	＜0.008	＜0.0005	0.02	2000.10.19
0.9	18.2	322.8	322.8	0	＜0.001	＜0.0008	0.55	＜0.0002	0.015	＜0.008	＜0.008	＜0.0005		2001.08.28
2.1	18.4	658.1	605.5	52.6	＜0.001	＜0.0008	0.39	＜0.0002	0.015	＜0.008	＜0.008	＜0.0005	0.9	2002.07.18
0.32	17.3	786	470	316	＜0.001	＜0.0008	0.13	0.0016	＜0.01	＜0.005	＜0.0005	0.000 04	0.56	2003.07.21
1	16.8	152.6	147.6	5	＜0.001	＜0.0008	0.28	＜0.002	＜0.005	＜0.008	＜0.008	＜0.0005		2000.10.12
0.7	13.5	310.3	260.2	50.1	＜0.001	＜0.0008	0.35	＜0.002	0.006	＜0.008	＜0.008	＜0.0005		2001.08.23
0.6	12.8	212.7	170.2	42.5	＜0.001	＜0.0008	0.31	＜0.002	＜0.005	＜0.008	＜0.008	＜0.0005	＜0.02	2002.07.23
0.64	12.4	226	173.5	52.5	＜0.001	＜0.0008	0.24	0.0003	＜0.01	＜0.005	＜0.0005	0.000 03	＜0.05	2003.07.11
0.47	11.9	192	159	33	＜0.001	＜0.0008	0.26	0.0007	＜0.01	＜0.005	0.0005	0.000 04	＜0.05	2004.08.13
0.64	12.9	207	176.3	30.7	＜0.001	＜0.0002	0.13	0.0002	＜0.01	＜0.005	0.0005	0.000 04	＜0.05	2005.08.11
0.51	12.3	276	216	60	＜0.002	＜0.002	0.35	0.001	＜0.01	＜0.005	0.0005	0.000 04	＜0.01	2006.08.21
0.28	12.3	220	165	55	＜0.001	0.001	0.27	0.0002	＜0.01	＜0.002	＜0.0002	＜0.000 04	＜0.05	2007.08.21
1.01	13.3	177	177	0	＜0.002	＜0.002	0.27	0.0002	＜0.01	＜0.002	＜0.0002	＜0.000 04	＜0.05	2008.08.13
1.23	13.9	215	180	35	＜0.002	＜0.002	0.8	0.0002	＜0.01	＜0.002	＜0.0002	＜0.000 04	＜0.05	2009.09.01
0.91	10.3	266	198	67	＜0.002	＜0.002	0.27	＜0.0004	＜0.01	0.014	0.016	＜0.000 04	0.01	2010.09.02

续表

点号	年份	pH值	色度	浊度	臭和味	肉眼可见物	阳离子(mg/L)							阴离子(mg/L)						矿化度	溶解性固体
							钾离子	钠离子	钙离子	镁离子	氨氮	三价铁	二价铁	氯离子	硫酸根	重碳酸根	碳酸根	硝酸根	亚硝酸根		
F16	2000	7.6						28.5	98.2	26.1	0.4			17.7	48	414.9	0	<2.5	0.426		438
	2001	7.7						51.1	93.2	20.1	0.44			19.5	33.6	439.3	0	6	0.009		466
	2002	7.5						35.1	114.2	29.2	0.44	<0.08		21.3	84.1	445.4	0	<2.5	0.016		526
	2003	7.12					0.99	26.64	112.5	28.3	<0.01	0.05		15.28	69.37	440.8	0	1.27	<0.001		530
	2004	7.99					0.67	30	113	27.2	<0.01	0.088		17.5	78.8	403	16.5	1	<0.001		478
	2005	7.88					2.46	35.8	150	36	<0.01	0.17		25.7	132	518	0	2.81	<0.001		630
	2006	7.44					1.77	33.8	147	40.6	<0.02	0.78		26.45	169	476	6.2	<0.1	0.0036		751
	2007	7.2					3.03	40.5	125	34	0.31	<0.05		36.3	119	476	0	1.86	0.36		641
	2008	7.46					2.86	41.5	95.5	36.1	0.22	<0.05		31.3	123	407	0	1.12	0.049		568
	2009	7.4					1.32	34.3	97.9	37.8	0.1	<0.05		35.5	118	396	0	1.03	<0.003		518
	2010	7.36					2.3	127	270	80.7	0.21	2.37		261	314	602	0	186	0.4		1587
GQ27	2000	7.6						402.3	49.1	127	0.8			290.7	476	726	0	24	2.178		1844
	2001	7.9						435.6	47.1	151	0.02			315.5	595	717	0	43.3	0.026		1922
	2002	7.5						453.4	61.1	127	0.48	<0.08		317.3	536	766	0	33	2.72		1964
	2003	7.8					0.91	448	49.3	158	<0.01	0.02		291.3	539	826	0	49.4	0.017		2123
	2004	8.2					0.45	407	49.3	162	<0.01	0.084		270	530	813	21.6	44.4	0.003		2023
	2005	7.36					1.74	430	76.1	159	<0.01	0.17		290	507	982	0	41.4	0.024		1725
	2006	7.61					0.88	405	55	144	<0.02	0.038		334	520	703	0	57.8	0.024		2115
	2007	7.81					0.99	460	70.9	123	0.06	0.13		335	598	688	0	61.2	0.011		2241
	2008	7.49					0.89	430	36.5	139	0.15	<0.015		338	562	709	0	48	3.29		2018
	2009	7.73					0.9	569	43	158	0.12	<0.05		327	605	892	0	94.3	<0.003		2366
	2010	7.79					0.98	580	68.4	159	0.1	0.09		436	702	906	0	79.2	0.014		2550
GQ17	2000	7.8						7.5	62.1	7.3	0.04			5.3	28.8	189	0	11			222
	2001	7.6						11.5	53.1	6.6	<0.01			5.3	36	162	0	9.25	0.004		206
	2002	7.5						10.1	55.1	7.3	<0.01	0.08		7.1	31.2	171	0	8.5	0.009		220
	2003	7.7					1.56	10.7	51.3	4.62	<0.01	0.06		3.84	21.4	164	0	7.9	0.017		203
	2004	7.65					1.03	4.2	64.9	9.72	<0.01	0.18		4.4	37.8	201	0	10.1	0.045		269
	2005	7.04					2.38	4.2	52.9	8.99	<0.01	0.17		3.17	28.7	171	0	7.78	<0.001		270
	2006	7.64					2.16	4.22	64.6	9.12	<0.02	0.064		3.08	46.6	177	3.14	10.9	<0.001		282
	2007	7.92					2.17	4.67	77.5	9.35	<0.01	0.15		4.41	45.7	204	0	12.6	0.0053		245
	2008	7.54					2.14	35.7	56.3	9.18	0.14	<0.05		2.92	44.4	227	0	9.03	0.16		290
	2009	7.52					2.19	38.9	59.4	9.46	0.08	<0.05		3.26	121	178	0	10.1	0.12		314
	2010	7.68					2.08	22.3	65.7	9.45	0.06	1.02		9.17	92	166	0	11.8	0.069		304
K104	2000	7.9						50.3	14	1.2	0.26			5.3	12	158.6	0	<2.5	<0.003		174
	2001	7.6						74.3	70.1	19.4	<0.01			48.9	45.6	366.1	0	<2.5	0.003		458
	2002	7.5						130.7	109.2	58.3	0.02	0.272		95.7	81.7	704.8	0	<2.5	0.014		894

COD	可溶性 SiO_2	硬度(以碳酸钙计,mg/L)			毒理学指标,mg/L									取样时间
		总硬	暂硬	永硬	挥发分	氰化物	氟离子	砷	六价铬	铅离子	镉离子	汞离子	锰离子	
1.1	20.9	352.8	340.3	12.5	<0.001	<0.0008	0.35	<0.002	0.007	<0.008	<0.008	0.000 05		2000.10.12
1.2	21.4	315.3	315.3	0	<0.001	<0.0008	0.53	<0.002	<0.005	<0.008	<0.008	0.000 05		2001.09.03
0.9	22.3	405.4	365.3	40.1	<0.001	<0.0008	0.37	<0.002	<0.005	<0.008	<0.008	0.000 05	0.8	2002.07.25
0.64	12.08	397	361.5	35.5	<0.001	<0.0008	0.2	0.0006	<0.01	<0.005	<0.0005	0.000 04	1.05	2003.07.11
0.54	20.46	394	324	70	<0.001	<0.0008	0.34	0.0005	<0.01	<0.005	0.0005	0.000 04	0.99	2004.08.25
0.6	20.8	523	424.9	98.1	<0.001	<0.0002	0.18	0.0006	<0.01	<0.005	0.0005	0.000 05	1.47	2005.08.10
0.71	18.7	535	396	139	<0.001	<0.0002	0.29	0.000 24	<0.01	<0.005	0.0005	0.000 05	1.47	2006.08.21
0.69	21.1	453	390	63	<0.001	<0.001	0.33	0.001	<0.01	<0.002	<0002	0.000 08	1.03	2007.08.21
1.27	19.2	453	334	119	<0.002	<0.002	0.28	0.0016	<0.01	<0.002	<0.0002	0.000 12	0.93	2008.08.13
1.36	19.1	400	325	75	<0.002	<0.002	0.4	0.0016	<0.01	<0.002	<0.0002	0.000 12	<0.05	2009.09.07
1.24	16.1	1007	494	513	<0.002	<0.002	0.36	0.0006	<0.01	0.0033	<0.0002	<0.000 04	0.7	2010.09.02
10.6	12.3	645.6	595.5	50.1	0.004	0.001	1.62	<0.002	0.033	<0.008	<0.008	0.0005		2000.10.12
1.3	9.6	740.7	588	153	<0.001	<0.0008	2.04	<0.002	0.069	<0.008	<0.008	0.0005		2001.08.20
3.9	9.9	675.6	628.1	47.5	<0.001	<0.0008	1.66	0.004	0.065	<0.008	<0.008	0.0005	<0.02	2002.07.23
0.96	9.45	773	583	190	<0.001	<0.0008	0.87	0.0024	0.05	<0.005	<0.0005	0.000 09	<0.05	2003.07.11
0.61	9.54	791	685	106	<0.001	<0.0008	1.43	0.0012	0.065	<0.005	<0.0005	0.000 04	<0.05	2004.08.13
1.04	10	845	805.4	39.6	<0.001	<0.0002	1.39	0.0016	0.061	<0.005	<0.0005	0.000 04	<0.05	2005.08.11
0.67	9.25	730	577	153	<0.002	<0.002	1.39	0.0014	0.063	<0.005	<0.0005	0.000 04	<0.01	2006.08.21
0.73	9.55	683	564	119	<0.001	<0.001	1.6	0.0018	0.055	<0.002	<0.0002	0.000 06	<0.05	2007.08.21
3.67	9.82	663	582	81	<0.002	<0.002	0.86	0.0025	0.077	<0.002	<0.0002	0.000 16	<0.05	2008.08.12
4.12	10.6	758	732	26	<0.002	<0.002	1.25	<0.0004	0.032	<0.002	<0.0002	<0.000 04	<0.05	2009.09.01
1.07	8.54	826	743	83	<0.002	<0.002	1.54	0.001	0.11	<0.002	<0.0002	<0.000 04	0.02	2010.09.02
0.5	10.7	185.2	155.1	30.1	<0.001	<0.0008	0.13	<0.002	<0.005	<0.008	<0.008	0.0005		2000.10.12
1.5	10	160.1	132.6	27.5	<0.001	<0.0008	0.14	<0.002	<0.005	<0.008	<0.008	0.0005		2001.09.03
0.5	10.1	167.7	140.1	27.6	<0.001	<0.0008	0.11	<0.002	<0.005	<0.008	<0.008	0.0005	<0.02	2002.07.25
0.72	8.61	147	123	24.1	<0.001	<0.0008	0.05	0.0016	<0.01	<0.005	<0.0005	0.000 03	<0.05	2003.07.11
0.27	10.9	202	180	22	<0.001	<0.0008	0.05	0.0007	<0.01	<0.005	<0.0005	0.000 04	<0.05	2004.08.25
0.6	10.3	169	140.3	28.7	<0.001	<0.0002	0.06	0.000 24	<0.01	<0.005	<0.0005	0.000 04	<0.05	2005.08.10
0.47	9.08	199	148	51	<0.002	<0.002	0.22	0.000 41	<0.01	<0.005	<0.0005	0.000 04	0.016	2006.08.21
0.45	9.66	232	167	65	<0.001	<0.001	0.04	0.0011	<0.01	0.003	<0.0002	0.000 07	<0.05	2007.08.21
1.41	9.15	178	178	0	<0.002	<0.002	0.1	0.0015	<0.01	0.0026	<0.0002	0.0001	<0.05	2008.08.13
1.06	9.42	187	146	41	<0.002	<0.002	0.1	<0.0004	<0.01	<0.002	<0.0002	<0.000 04	<0.05	2009.09.07
0.82	7.51	203	136	67	<0.002	<0.002	0.07	<0.0004	<0.01	0.0045	<0.0002	<0.000 04	0.04	2010.09.02
1.1	14.6	40	40	0	<0.001	<0.0008	0.63	0.021	<0.005	<0.002	<0.008	<0.000 05		2000.09.26
1	16.3	255.2	255.2	0	<0.001	<0.0008	0.55	0.009	<0.005	<0.008	<0.0005			
1.9	19	513	513	0	<0.001	<0.0008	0.35	1.351	<0.005	<0.002	<0.008	<0.000 05	0.08	2002.07.18

续表

点号	年份	pH值	色度	浊度	臭和味	肉眼可见物	阳离子(mg/L) 钾离子	钠离子	钙离子	镁离子	氨氮	三价铁	二价铁	阴离子(mg/L) 氯离子	硫酸根	重碳酸根	碳酸根	硝酸根	亚硝酸根	矿化度	溶解性固体
K104	2003	7.4					2.29	81.32	94.19	61.73	<0.01	33.25		103.2	165	408	38.57	1.57	0.004		892
	2004	8.13					1.63	111	69.7	46.4	<0.01	0.01		93.5	136	379	15.8	0.12	0.097		730
	2005	7.51					3.57	120	60.5	50.6	<0.01	4.8		91.2	135	445	0	4.14	<0.001		734
	2008	7.74					2.35	192	76.8	67.5	0.2	0.17		164	312	422	0	5.93	0.0053		1092
	2009	7.58					2.36	121	149	101	0.2	<0.05		148	509	454	0	4.36	<0.003		1343
	2010	7.43					3.1	144	188	86.3	0.2	1.92		205	635	214	6.2	0.7	0.03		1335
K83-1主	2005	8.78					2.37	36.5	35.3	1.94	<0.01	8.25		18.5	3.91	181	9.07	2.95	0.003		122
	2006	8.11					0.24	50.4	16.4	0.56	<0.02	0.092		5.69	11.18	160	4.71	1.42	0.0015		180
	2007	7.86					0.23	60.7	27.2	1.01	<0.01	<0.05		6.86	15	210	0	0.45	<0.001		205
	2008	8.38					1.4	57	21.6	0.78	0.14	<0.05		18	44.4	100	12.1	3.82	<0.001		221
	2009	8.41					1.3	67.3	11.4	1.59	0.042	<0.05		21.4	108	42.1	2.3	6.82	<0.003		237
	2010	7.82					1.26	37.8	11.2	1.13	0.21	6.25		30.28	39.1	45	1.7	0.1	<0.003		141
K34	2000	8					113.9		47.1	76.6	0.04			85.1	79.3	549.2	0	34.25	0.023		736
	2001	7.9					117.9		44.1	80.2	0.08			85.1	84.1	564.4	0	32.75	0.04		752
	2002	8.9					152.4		9	80.2	<0.01	0.112		74.4	75.9	482	63	<2.5	0.014		724
	2003	9.08					2.42	91.91	46.07	93.57	<0.01	17.25		64.02	74.74	487.7	97.12	2.8	<0.001		763
	2004	8.62					4.33	19.6	23.1	18.2	<0.01	1.79		9.84	48.4	132	2.88	3.5	<0.001		329
	2005	7.58					1.83	112	66.1	68.5	<0.01	0.17		60.2	66.4	615	0	41.3	0.012		740
	2008	7.47					1.06	125	34.4	58.8	0.31	<0.05		63.1	78	509	0	47.1	0.0079		702
	2009	7.76					0.93	116	44.1	62.7	0.35	<0.05		61.5	110	509	0	36.7	1.41		739
	2010	8.05					1.11	110	127	62.3	0.12	0.1		93.1	104	642	0	21.5	0.22		828
K83-3付	2006	7.6					2.11	100	59.7	43.8	0.02	23.4		136	111	344	3.14	3.85	0.0024		617
	2007	7.16					1.27	81.6	152	51.3	<0.01	<0.05		65.7	313	456	0	0.82	0.088		1002
K234付	1996	8.2					208.4		25	62	0.02			102.1	120.1	573.6	18	2	<0.001		836
	1997	7.8					183.7		40.1	55.3	11.5			101.7	130.2	582.7	0	<2.5	2.112		822
	1998	7.9					197.1		22	68.1	0.38			97.5	134.5	594.3	0	<2.5	0.039		868
	1999	7.3					60.5		125.2	15.2	0.34			340.3	7.2	24.4	0	<2.5	0.016		556
	2000	7.6					58.4		113.2	14.6	0.22			320.8	2.4	18.3	0	<2.5	0.021		520
	2001	7.3					70.9		116.2	15.8	0.28	0.17		326.1	0	61	0	<2.5	0.003		594
	2002	7.6					69.3		103.2	15.8	1.2	<0.08		322.6	6.2	18.3	0	<2.5	0.043		540
	2003	7.46					2.34	62.01	107	17.26	<0.01	8.75		303.5	1.75	70.51	0	1.65	<0.001		779
	2004	7.6					0.93	65.7	99.2	19.3	<0.01	3.2		302	0.47	52.7	0	1	<0.001		1053
	2005	7.24					3.43	66.1	115	22.1	<0.01	2.01		321	1.33	89.2	0	2.43	0.006		1051
	2006	5.96					5.05	80	85.3	22.9	1.4	28.2		369	2.51	32.8	0	1.4	0.0035		944
	2007	6.89					3.29	91.9	119	25.2	1.62	2.51		330	7	49	0	137	0.018		875
	2008	7.86					2.68	110	63.2	25.2	0.34	<0.05		316	2.47	37	0	12.3	0.0046		582
	2009	8.1					1.88	112	33	22.8	0.36	<0.05		237	44.5	34.3	0	6.43	<0.003		506
	2010	7.45					2.14	104	39.3	23.5	0.38	13.2		271	9.8	45	0	0.3	<0.003		460

COD	可溶性 SiO_2	硬度(以碳酸钙计,mg/L)			毒理学指标,mg/L									取样时间
		总硬	暂硬	永硬	挥发分	氰化物	氟离子	砷	六价铬	铅离子	镉离子	汞离子	锰离子	
0.4	11.5	489	399	90	<0.001	<0.0008	0.16	0.0024	<0.01	<0.005	<0.0005	0.000 08	0.8	2003.07.21
0.53	8.77	365	312	53	<0.001	<0.0008	0.19	0.0007	<0.01	<0.005	0.0006	0.000 06	0.17	2004.08.30
0.8	5.51	359.5	359.5	0	<0.001	<0.0002	0.2	0.000 36	<0.01	<0.005	<0.0005	0.000 05	0.41	2005.08.11
1.18	5.66	470	346	124	<0.002	<0.002	<0.1	0.0014	<0.01	<0.002	<0.0002	0.000 26	<0.05	2008.08.14
1.02	14.7	788	372	416	<0.002	<0.002	0.29	<0.0004	<0.01	<0.002	<0.0002	<0.000 04	<0.05	2009.09.04
0.99	13.5	825	186	639	<0.002	<0.002	0.3	<0.0004	<0.01	0.014	<0.0002	<0.000 04	0.18	2010.09.03
0.82	1.01	96.1	96.1	0	<0.001	<0.0008	0.04	0.0095	<0.01	<0.005	0.0006	0.000 05	0.26	2005.08.11
0.86	14.7	43.2	43.2	0	<0.001	<0.0008	0.99	0.0095	<0.01	<0.005	0.0006	0.000 05	0.13	2006.08.24
1.21	15.4	72	72	0	<0.001	<0.001	1.35	<0.0004	<0.01	<0.002	<0.0002	<0.000 04	<0.05	2007.08.22
1.01	1.96	57.1	57.1		<0.001	0.1	<0.0004	<0.01	<0.002	<0.0002	<0.0004	<0.000 04	<0.05	2008.08.14
1.16	1.85	35	35	0	<0.002	<0.002	0.1	<0.0004	<0.01	<0.002	<0.0002	<0.000 04	<0.05	2009.09.04
0.74	<0.05	33	33	0	<0.002	<0.002	0.09	<0.0004	<0.01	0.013	<0.0002	<0.000 04	0.22	2010.09.03
0.8	14.9	432.9	432.9	0	<0.001	<0.0008	1.1	<0.002	0.021	<0.008	<0.008	0.000 05		2000.10.19
0.4	15.4	440.4	440.4	0	<0.001	<0.0008	1.15	0.002	0.018	<0.008	<0.008	0.000 05		2001.08.22
1.3	4.3	352.8	352.8	0	<0.001	<0.0008	0.65	0.008	<0.005	<0.008	<0.008	0.000 05	0.12	2002.07.23
2.24	5.11	500	500	0	<0.001	<0.0008	0.23	0.0021	<0.01	<0.005	<0.0005	0.000 66	0.2	2003.07.15
1.21	5.27	133	96.1	36.9	<0.001	<0.0008	0.28	0.0004	<0.01	0.013	0.000 78	0.000 06	0.09	2004.08.27
0.96	17.2	447	447	0	<0.001	<0.0002	0.55	0.0015	0.0075	<0.005	<0.0005	0.000 05	<0.05	2005.08.11
0.89	17.4	328	328	0	<0.002	<0.002	0.7	0.000 85	0.022	<0.002	<0.0002	0.000 26	<0.05	2008.08.11
0.93	17.5	368	368	0	<0.002	<0.002	0.86	<0.0004	0.024	<0.002	<0.0002	<0.000 04	<0.05	2009.09.03
1.15	14.3	574	527	47	<0.002	<0.002	0.92	0.0005	<0.01	0.031	<0.0002	<0.000 04	0.04	2010.09.03
0.75	4.49	329	284	45	<0.002	<0.002	0.12	0.000 84	<0.01	<0.005	<0.0005	0.000 05	1.19	2006.08.24
1.14	21.2	591	374	217	<0.001	<0.001	0.21	<0.0004	<0.01	<0.002	<0.0002	0.0001	0.61	2007.08.22
1.3	6.5	317.8	317.8	0	0.001	<0.0008	0.58	0.000 45	0.331	0.031	<0.008	<0.0005		1996.07.22
6.3	9.6	327.8	327.8	0	0.001	<0.0008	0.35	0.000 45	0.031	0.057	<0.008	<0.0005		1997.07.22
2.1	5.3	335.3	335.3	0	0.001	<0.0008	0.66	0.008	<0.005	0.031	<0.008	<0.0005		1998.07.27
1.3	1.9	375.3	20	355.3	<0.001	<0.0008	0.58	0.032	<0.005	0.04	<0.008	<0.0005		1999.07.12
0.5	1.2	342.8	15	327.8	<0.001	<0.0008	0.35	<0.002	0.014	0.02	<0.008	<0.0005		2000.10.19
2.5	0.7	355.3	50	305.3	<0.001	<0.0008	0.5	<0.002	<0.005	0.019	<0.008	<0.0005		2001.08.23
1.6	0.2	322.8	15	307.8	0.001	<0.0008	0.4	0.003	<0.005	<0.008	<0.008	<0.0005	1.3	2002.07.23
2.08	0.44	338.3	19.3	319	<0.001	<0.0008	0.33	0.0007	<0.01	0.022	<0.0005	0.000 03	1.63	2003.07.15
1.65	0.87	327	43.3	293	<0.001	<0.0008	0.3	0.0002	<0.01	0.033	0.0006	0.000 04	1.85	2004.08.26
0.92	3.05	378	73.2	304.8	<0.001	<0.0002	0.28	0.0019	<0.01	<0.005	<0.0005	0.000 07	5.9	2005.08.10
1.25	0.38	307	26.8	280	<0.002	<0.002	0.22	0.000 45	<0.01	<0.005	<0.0005	0.000 07	5.24	2006.08.24
3.86	0.6	401	40.2	361	<0.001	0.0012	0.34	0.0021	<0.01	<0.002	0.000 21	0.000 06	5.75	2007.08.21
1.43	0.36	261	30.3	231	<0.002	<0.002	0.36	0.0028	<0.01	<0.002	0.000 21	0.000 16	<0.05	2008.08.11
1.25	0.51	176	28.1	148	<0.002	<0.002	0.31	<0.0004	<0.01	<0.002	<0.0002	<0.000 04	<0.05	2009.09.03
1.07	<0.05	195	37	158	<0.002	<0.002	0.28	<0.0004	<0.01	0.028	0.0005	<0.000 04	0.91	2010.09.02

续表

点号	年份	pH值	色度	浊度	臭和味	肉眼可见物	阳离子(mg/L)							阴离子(mg/L)						矿化度	溶解性固体
							钾离子	钠离子	钙离子	镁离子	氨氮	三价铁	二价铁	氯离子	硫酸根	重碳酸根	碳酸根	硝酸根	亚硝酸根		
	2000	7.5					29.3		61.1	21.3	<0.01			19.5	69.6	229	0	20	<0.003		346
	2001	7.3					38		77.2	20.1	<0.01			24.8	80.7	269	0	23	0.01		398
	2002	7.5					31.9		68.1	17.6	0.18	<0.08		24.8	61	241	0	20.3	0.016		368
	2003	7.22					1.82	52.8	98.6	28.7	<0.01	0.11		31.9	96.2	359	0	49.6	0.036		611
	2004	8.04					1.8	24	80.4	13.2	<0.01	0.19		18.8	54.9	242	5	26.8	<0.001		335
K376	2005	7.68					3.39	75	123	56.1	<0.01	0.17		61.8	102	514	0	108	0.01		898
	2006	7.09					2.84	71.8	137	57.9	<0.02	0.6		76.5	129	502	0	112	0.01		957
	2007	7.34					2.98	71.7	121	48.4	0.07	0.1		53.9	121	515	0	36.6	0.018		735
	2008	7.48					1.86	91.1	72.3	23.3	0.14	<0.05		39.4	102	376	0	37.5	0.82		592
	2009	7.8					1.9	90.3	63.5	24.7	0.1	<0.05		43.5	93.8	356	0	42.3	0.043		557
	2010	7.75					1.94	77.2	98	25.3	0.1	0.06		65.7	75.1	411	0	31.8	0.023		600
	2000	7.4					143.5		107.2	50.4	<0.01			106.4	163.3	564.4	0	5.25	0.105		860
	2001	7.7					149.5		104.2	47.4	0.01			109.9	163.3	550.4	0	5	0.053		894
	2002	7.7					198.1		90.2	65.6	<0.01	0.112		113.4	154.4	686.5	0	53	0.248		1064
	2003	7.26					88	125	93.79	63.2	<0.01	14.2		104.8	150.2	681.8	0	42.83	0.025		1084
	2004	7.84					54	155	93	73.5	<0.01	0.13		122	199	564	11.5	105	0.001		1190
K394	2005	7.28					70	175	85.5	66.1	<0.01	0.17		96.3	170	648	0	137	0.011		1141
	2006	7.3					59.9	149	91.7	63.5	<0.02	0.1		104	141	641	4.71	80.9	0.85		1062
	2007	7.8					65.9	171	76.8	58.9	0.54	<0.05		112	144	711	0	2.96	1.63		1037
	2008	7.54					67.4	153	70.1	60.8	0.13	0.05		106	164	678	0	26.2	0.0039		1037
	2009	7.48					62.9	187	66	68.8	0.11	<0.05		91.5	239	716	0	30.2	<0.003		1166
	2010	7.95					66.1	137	133	61.2	0.4	16.7		125	167	755	0	11.3	0.021		1082
	2000	7.5					215		44.1	113	0.04			154.2	213.7	594.9	0	142.5	0.02		1150
	2001	7.7					266.9		37.1	114.8	0.06			179	245	591.9	0	188.8	0.66		1292
	2002	7.6					139.7		80.2	67.4	<0.01	<0.08		95.7	123.9	533.9	0	98.25	0.025		890
	2003	7.14					10.6	113.9	101.8	55.42	<0.01	11.56		95.29	134.01	534.8	0	65.44	<0.001		926
	2004	8.2					0.39	129	101	66.4	<0.01	2.9		95	133	500	27.4	119	0.39		982
K395	2005	7.82					10.3	125	109	59.1	<0.01	0.17		79.7	99.4	625	0	84.1	0.008		890
	2006	7.37					5.71	114	114	64.5	<0.02	8.77		92.2	114	578	3.14	121	0.0042		966
	2007	7.5					1.61	153	80.7	61.9	0.5	<0.05		94.1	121	587	0	72.1	0.016		923
	2008	7.36					1.5	173	36.5	117	0.14	<0.05		120	192	652	0	101	0.0076		1041
	2009	7.36					15	159	75	63.3	0.12	<0.05		90.7	159	599	0	78.9	<0.003		1018
	2010	7.71					12.7	120	167	56.8	0.16	26.6		121	152	688	0	30.7	0.0063		1019

COD	可溶性 SiO_2	硬度(以碳酸钙计,mg/L)			毒理学指标,mg/L									取样时间
		总硬	暂硬	永硬	挥发分	氰化物	氟离子	砷	六价铬	铅离子	镉离子	汞离子	锰离子	
0.7	14.7	240.2	187.7	52.5	<0.001	<0.0008	0..47	<0.002	<0.005	<0.008	<0.008	<0.000 05		2000.10.12
1	14.1	275.2	220.2	55	<0.001	<0.0008	0.45	<0.002	0.005	<0.008	<0.008	<0.000 05		2001.08.20
1.1	13.5	242.7	197.7	45	<0.001	<0.0008	0.37	<0.002	0.062	<0.008	<0.008	<0.000 05	<0.02	2002.07.30
0.72	16.3	364	294	70	<0.001	<0.0008	0.08	0.000 99	<0.01	<0.005	<0.0005	0.000 05	<0.05	2003.07.14
0.6	15	255	199	56	<0.001	<0.0008	0.28	0.0008	<0.01	<0.005	<0.0005	0.000 04	<0.05	2004.09.03
0.8	19.5	538	421.6	116	<0.001	<0.0002	0.12	0.000 05	<0.01	<0.005	<0.0005	0.000 04	<0.05	2005.08.11
0.7	19.8	581	412	169	<0.002	<0.002	0.28	0.000 11	<0.01	<0.005	<0.0005	0.000 04	0.024	2006.08.24
1.06	20.5	501	422	79	<0.001	<0.001	0.27	0.0001	<0.01	<0.002	<0.0002	0.000 09	<0.05	2007.08.21
1.18	22.7	276	276	0	<0.002	<0.002	0.18	0.000 26	0.037	<0.002	<0.0002	0.000 21	<0.05	2008.08.18
1.06	23.3	260	260	0	<0.002	<0.002	0.98	0.000 26	0.029	<0.002	<0.0002	<0.000 04	<0.05	2009.09.01
0.58	21.3	349	337	12	<0.002	<0.002	0.24	<0.0004	0.082	<0.002	<0.0002	<0.000 04	0.04	2010.09.03
0.9	12.7	475.4	462.9	12.5	0.031	<0.0008	0.32	<0.002	0.011	<0.008	<0.008	<0.000 05		2000.10.19
0.8	12.6	455.4	451.4	4	<0.001	<0.0008	0.35	<0.002	<0.005	<0.008	<0.008	<0.000 05		2001.08.28
1.5	19.7	495.4	495.4	0	0.001	<0.0008	0.33	<0.002	<0.005	<0.008	<0.008	<0.000 05	0.6	2002.07.23
1.64	17.92	494	494	0	<0.001	<0.0008	2.3	0.0063	<0.01	0.006	0.002	0.000 08	2.15	2003.07.14
0.88	22.4	535	507	28	<0.001	<0.0008	0.23	0.0011	<0.01	<0.005	0.0005	0.000 06	0.6	2004.08.27
2.08	23.8	486	472	14	<0.001	<0.0002	0.19	0.0038	<0.01	<0.005	<0.0005	0.000 05	0.07	2005.08.09
4.12	22.1	490	490	0	<0.002	<0.002	0.29	0.004	<0.01	<0.005	<0.0005	0.000 05	0.34	2006.08.23
2.03	16.3	434	434	0	<0.001	<0.001	0.31	0.0028	<0.01	<0.002	<0.0002	0.000 05	1.39	2007.08.21
1.81	22.7	426	426	0	<0.002	<0.002	0.1	0.0028	<0.01	<0.002	<0.0002	0.000 05	<0.05	2008.08.11
1.76	16.5	448	448	0	<0.002	<0.002	0.24	<0.0004	<0.01	<0.002	<0.0002	<0.000 04	<0.05	2009.09.03
0.82	15.9	584	584	0	<0.002	<0.002	0.22	0.0005	<0.01	0.028	0.0014	<0.000 04	2.24	2010.09.06
1	14.2	575.5	487.9	87.6	0.001	<0.0008	0.95	0.006	0.018	<0.008	<0.008	0.000 05		2000.10.19
1.5	13.4	565.5	485.4	80.1	0.002	<0.0008	1.58	0.005	0.053	<0.008	<0.008	0.000 05		2001.08.23
0.9	4.8	477.9	437.9	40	<0.001	<0.0008	0.53	0.004	<0.005	<0.008	<0.008	0.000 05	0.48	2002.08
2.8	17.16	482	438.6	43.4	<0.001	<0.0008	0.09	0.0013	<0.01	<0.005	<0.0005	0.000 07	0.31	2003.07.14
3.1	15.9	524	432	92	<0.001	<0.0008	0.35	0.0013	<0.01	0.019	<0.0005	0.000 06	0.36	2004.08.26
0.72	18.9	515	512.6	2.4	<0.001	<0.0002	0.23	0.000 52	<0.01	<0.005	<0.0005	0.000 05	0.07	2005.08.10
0.78	18.6	550	476	74	<0.002	<0.002	0.44	0.000 54	<0.01	<0.005	<0.0005	0.000 05	0.45	2006.08.24
0.81	16	456	456	0	<0.001	0.0018	0.49	0.0014	<0.01	<0.002	<0.0002	<0.000 04	<0.05	2007.08.21
1.06	18.7	573	535	38	<0.002	0.002	0.56	0.0014	<0.01	<0.002	<0.0002	<0.000 04	<0.05	2008.08.11
1.2	16.3	448	448	0	<0.002	<0.002	0.39	0.0014	<0.01	<0.002	<0.0002	<0.000 04	<0.05	2009.09.03
0.82	25.7	651	564	87	<0.002	<0.002	0.29	<0.0004	<0.01	0.04	0.0002	<0.000 04	1.15	2010.09.02

续表

点号	年份	pH值	色度	浊度	臭和味	肉眼可见物	阳离子(mg/L)							阴离子(mg/L)						矿化度	溶解性固体
							钾离子	钠离子	钙离子	镁离子	氨氮	三价铁	二价铁	氯离子	硫酸根	重碳酸根	碳酸根	硝酸根	亚硝酸根		
K413	2001	7.7					128.1		87.2	57.7	<0.01			63.8	165.7	503.4	0	72.5	0.062		850
	2002	7.5					111.5		81.2	52.9	<0.01	<0.08		52.5	137.8	494.2	0	49.5	0.017		742
	2003	7.18					1.15	99.5	81.76	49.83	<0.01	<0.1		43.3	118.9	508.8	0	41.99	0.02		708
	2004	7.7					1.55	126	84.4	54.4	<0.01	<0.1		55.1	142	552	0	33.2	0.001		834
	2005	7.27					2.61	121	89	53	<0.01	<0.1		38.6	119	620	0	19	0.12		708
	2006	7.52					1.41	120	83.5	51.1	<0.02	0.17		52.6	139	553	0	12.94	0.026		725
	2007	7.69					1.41	135	75.2	46	0.082	0.15		45.1	179	510	0	12.8	0.0066		740
	2008	7.61					1.32	129	69.5	46.5	0.17	<0.05		29.9	130	580	0	14.4	0.02		678
	2009	7.57					1.35	118	59.5	46.8	0.15	<0.05		37.9	106	546	0	23	0.018		681
	2010	7.88					1.24	99.3	134	39.6	0.12	0.1		39.2	98.7	670	0	5.6	0.11		768
E10	2001	7.6					126.7		86.2	30.4	<0.01			60.3	96.1	463.7	0	62.5	0.016		718
	2002	7.5					126.7		94.2	38.9	<0.01	<0.08		70.9	113.8	488.1	0	64.5	0.021		788
	2003	7.6					1.42	9.15	18.44	5.1	<0.01	2.89		13.72	5.71	88.14	0	0.5	<0.001		137
	2004	8.43					1.76	9.85	21.4	3.77	<0.01	1.34		19.8	6.46	63.2	4.32	1.1	0.006		98
	2005	7.9					3.02	7.66	14	3.46	<0.01	0.69		20	6.99	40	0	3.72	<0.001		164
	2008	7.35					1.47	103	37.2	40.6	0.13	0.17		58.2	84.9	355	0	66.7	0.027		605
	2009	7.65					1.49	73.9	28.5	5.39	0.045	<0.05		5.77	188	66.5	0	6.12	<0.003		346
	2010	7.88					1.33	102	87.2	39.8	0.1	0.05		79.5	107	401	0	79.5	0.031		712
S4	2000	8					121.7		31.1	8.5	0.14			76.2	76.8	231.9	0	<2.5	0.054		440
E4	2000	7.5					81.7		107.2	68.7	0.03			63.8	164.3	506.4	0	64	0.017		798
	2001	7.7					63.2		113.2	91.1	0.08			56.7	223.3	506.4	0	83.75	0.019		908
	2008	7.56					1.18	116	37.5	26.7	0.22	<0.05		38	93.5	388	0	12	<0.001		551
	2009	7.87					1.05	129	25.9	26.8	0.16	<0.05		44	108	370	0	8.41	0.014		571
	2010	8.04					1.29	95.3	78.3	26.8	0.17	0.12		39.7	94.7	424	0	4.4	0.075		541
K733主	2001	7.7					17.2		47.1	6.7	0.02			10.6	31.2	164.7	0	<2.5	0.003		216
	2002	8					19.1		47.1	6.7	0.32	<0.08		8.9	31.2	167.8	3	<2.5	<0.003		216
	2003	7.8					1.33	31.27	27.66	4.13	<0.01	19		33.59	10.17	164.5	0	1.56	0.033		144
	2004	7.8					1.27	35.3	9.02	2.19	<0.01	5.35		26.5	19.5	81.6	0	0.1	0.058		120
	2005	8.86					1.76	39.4	10.2	0.36	<0.01	14.4		23.8	13.9	85.6	15	0.99	0.004		130
	2008	7.44					1.41	61.9	25	3.7	0.12	0.17		25.3	54.1	138	0	3.44	<0.001		259
	2009	7.61					1.5	41	11.2	2.88	0.081	<0.05		28.9	16.9	93.6	0	4.34	<0.003		165
	2010	7.58					1.98	51.2	14.3	3.04	0.16	11.6		42.46	48.7	76.1	0	0.1	0.0089		204
K83-4	2000	7.7					97.3		91.2	30.4	0.38			113.4	86.5	384.4	0	<2.5	0.016		620
	2001	7.6					27.4		59.1	4.9	<0.01			10.3	57.6	186.1	0	<2.5	0.003		252
	2002	7.6					114.6		109.2	57.1	0.3	<0.08		131.2	141.7	518.7	0	<2.5	0.012		816
	2003	7.8					0.64	39.03	27.25	3.4	<0.01	12.1		5.28	4.72	170.4	23.15	1.86	<0.001		168

COD	可溶性 SiO_2	硬度(以碳酸钙计,mg/L)			毒理学指标,mg/L									取样时间
		总硬	暂硬	永硬	挥发分	氰化物	氟离子	砷	六价铬	铅离子	镉离子	汞离子	锰离子	
0.7	14.2	455.4	412.9	42.5	<0.001	<0.0008	0.78	<0.002	0.021	<0.008	<0.008	<0.0005		2001.08.22
0.7	13.3	420.4	405.4	15	<0.001	<0.0008	0.69	<0.002	0.031	<0.008	<0.008	<0.0005	<0.02	2002.07.30
0.4	13.42	409	409	0	<0.001	<0.0008	0.39	0.0008	0.03	<0.005	<0.0005	0.000 08	<0.05	2003.07.14
0.54	14.1	435	435	0	<0.001	<0.0008	0.72	0.0012	0.03	<0.005	0.0009	0.000 07	<0.05	2004.09.03
0.84	14.1	440.3	440.3	0	<0.001	<0.0002	0.46	0.0011	<0.01	<0.005	<0.0005	0.000 06	<0.05	2005.08.09
0.63	12.8	419	419	0	<0.002	<0.002	0.74	0.0011	0.015	<0.005	<0.0005	0.000 06	<0.01	2006.08.21
0.61	13.8	377	377	0	<0.001	0.0012	0.6	0.0015	0.016	<0.002	<0.0002	0.0001	<0.05	2007.08.21
0.72	13.4	365	365	0	<0.002	<0.002	0.44	0.0018	0.015	<0.002	<0.0002	0.000 12	<0.05	2008.08.15
0.68	13.4	341	341	0	<0.002	<0.002	0.23	0.0028	0.016	<0.002	<0.0002	<0.000 04	<0.05	2009.09.01
1.15	10.9	498	498	0	<0.002	<0.002	0.8	<0.0004	0.036	<0.002	0.00027	<0.000 04	0.21	2010.09.06
1.8	19.9	340.3	340.3	0	<0.001	<0.0008	0.49	<0.002	0.035	<0.008	<0.008	<0.0005	0.02	2001.08.22
0.9	20.6	395.4	395.4	0	<0.001	<0.0008	0.34	<0.002	0.033	<0.008	<0.008	<0.0005	0.08	2002.07.30
0.48	1.94	67.1	61.1	6	<0.001	<0.0008	0.1	0.0007	<0.01	0.027	<0.0005	0.000 04	1.18	2003.07.22
1.11	0.72	69	44.6	24.4	<0.001	<0.0008	0.17	0.0005	<0.01	0.022	<0.0005	0.000 03	0.96	2004.09.03
1.68	1.01	49.2	32.8	16.4	<0.001	<0.0002	0.06	<0.0004	<0.01	<0.005	<0.0005	0.000 05	0.18	2005.08.11
0.72	19.1	260	260	0	<0.002	<0.002	0.32	0.0011	0.079	0.003	<0.0002	0.000 07	<0.05	2008.08.13
0.68	7.81	93	55	38	<0.002	<0.002	0.11	<0.0004	<0.01	<0.002	<0.0002	<0.000 04	<0.05	2009.09.08
1.24	16.7	382	329	53	<0.002	<0.002	0.69	<0.0004	0.14	0.012	<0.0002	<0.000 04	0.02	2010.09.06
0.4	15.2	112.6	112.6	0	<0.001	<0.0008	0.58	0.01	<0.005	<0.008	<0.008	<0.0005		2000.09.25
1	19.9	550.5	415.4	135.1	<0.001	0.0011	0.53	0.002	0.25	<0.008	<0.008	<0.0005		2000.10.10
0.3	21.3	658.1	415.4	242.7	<0.001	<0.0008	0.63	<0.002		<0.008	<0.008	<0.0005		2001.08.20
1.27	17.6	204	204	0	<0.002	<0.002	0.91	0.0016	0.014	<0.002	<0.0002	0.000 15	<0.05	2008.08.18
1.08	18	175	175	0	<0.002	<0.002	0.4	0.0039	0.015	<0.002	<0.0002	<0.000 04	<0.05	2009.09.02
0.82	17.9	306	306	0	<0.002	<0.002	0.72	0.002	0.042	<0.002	<0.0002	<0.000 04	0.045	2010.09.03
0.9	16.5	145.1	135.1	10	<0.001	<0.0008	0.32	0.002	<0.005	<0.008	<0.008	<0.0005		2001.08.27
1.7	17.8	145.1	137.6	7.5	<0.001	<0.0008	0.21	0.006	<0.005	<0.008	<0.008	<0.0005	0.14	2002.07.18
0.76	1.18	86.1	77.2	8.9	<0.001	<0.0008	0.08	0.0007	<0.01	0.045	<0.0005	0.000 03	1.13	2003.07.21
1.23	0.91	31.5	31.5	0	<0.001	<0.0008	0.05	0.0001	<0.01	0.021	0.0013	0.000 04	0.42	2004.08.30
1.04	1.01	26.9	26.9	0	<0.001	<0.0002	0.06	0.00018	<0.01	<0.005	<0.0005	0.000 04	0.72	2005.08.11
1.06	2.18	77.6	77.6	0	<0.002	<0.002	<0.1	<0.0004	<0.01	<0.002	<0.0002	<0.000 04	<0.05	2008.08.14
1.12	2.65	39.8	39.8	0	<0.002	<0.002	0.11	<0.0004	<0.01	<0.002	<0.0002	<0.000 04	<0.05	2009.09.04
0.99	<0.05	48	48	0	<0.002	<0.002	0.1	<0.0004	<0.01	0.019	0.000 75	<0.000 04	0.81	2010.09.03
1.7	17.6	352.8	315.3	37.5	<0.001	<0.0008	0.39	0.009	<0.0005	<0.008	<0.008	0.000 05		2000.09.26
0.9	15.4	167.7	152.6	15.1	<0.001	<0.0008	0.25	0.002	<0.0005	<0.008	<0.008	0.000 05		2001.08.27
1.4	17.6	508	425.4	82.6	<0.001	<0.0008	0.37	0.004	<0.0005	<0.008	<0.008	0.000 05	0.52	2002.07.18
0.6	4.94	82.1	82.1	0	<0.001	<0.0008	0.15	0.0008	<0.01	<0.005	<0.0005	0.000 04	1.38	2003.07.21

续表

点号	年份	pH值	色度	浊度	臭和味	肉眼可见物	阳离子(mg/L)							阴离子(mg/L)						矿化度	溶解性固体
							钾离子	钠离子	钙离子	镁离子	氨氮	三价铁	二价铁	氯离子	硫酸根	重碳酸根	碳酸根	硝酸根	亚硝酸根		
K83-4	2004	8.24					0.55	43.9	8.62	1.82	<0.01	3.14		4.82	1.65	133	10.1	0.05	<0.001		144
	2005	8.11					1.02	47.9	12.8	2.07	<0.01	0.17		4.09	2.19	172	0	3.35	0.004		170
	2008	7.44					0.63	76.6	88.8	8.69	0.079	<0.05		12.4	169	308	0	0.86	<0.001		539
	2009	7.86					0.63	93.5	56.5	13.1	0.052	<0.05		18.3	107	325	0	1.3	<0.003		461
	2010	7.65					0.71	84.7	80.5	14.2	0.08	0.27		56.5	59.8	367	0	0.3	<0.003		495
K83-1付	2001	7.7						30.8	33.1	4.9	0.16			7.1	28.8	158.6	0	<2.5	0.01		196
	2002	8.7						39.6	6	0.6	0.04	0.512		30.1	7.2	54.9	6	<2.5	0.043		124
	2003	7.86					1.16	27.93	14.83	2.92	<0.01	14.75		22.77	10.23	117.5	0	2.16	0.004		128
	2004	9.08					1.13	31.7	5.01	1.7	<0.01	1.43		20	2.78	71.8	0	0.13	0.077		117
♯23	2000	7.7						61	23	8.5	<0.01			21.3	26.4	204.4	0	<2.5	0.004		256
	2001	7.5						108.4	49.1	<0.01	58.5			58.5	88.9	305.1	0	<2.5	0.496		498
	2002	8.1						82.8	78.2	36.5	5	0.112		86.9	51.9	424.1	3	12.25	0.272		590
	2003	7.34					7.38	94.89	81.76	32.33	<0.01	0.26		84.95	16.08	502.2	0	4	0.004		610
	2004	8.07					4.01	102	106	42.4	<0.01	0.72		105	109	502	0	2.8	8.07		750
	2005	7.42					6.64	95	99.4	39.6	<0.01	0.17		104	34.2	538	0	1.42	1.37		672
	2006	7.38					7.6	113	106	43.1	<0.02	1.61		117	24.6	620	1.57	1.63	0.0033		685
	2007	7.32					6.88	143	93.3	43.7	1.93	<0.05		120	3.2	695	0	1.07	<0.001		830
	2008	7.65					5.29	132	105	50.4	0.24	<0.05		106	77.9	681	0	10.2	<0.001		783
	2009	7.48					7.64	171	101	60.1	0.24	<0.05		136	95.5	772	0	5.32	0.013		925
	2010	7.51					3.9	174	95.1	42.7	0.48	0.88		126	109	605	0	0.7	0.73		873

COD	可溶性SiO$_2$	硬度(以碳酸钙计,mg/L)			毒理学指标,mg/L									取样时间
		总硬	暂硬	永硬	挥发分	氰化物	氟离子	砷	六价铬	铅离子	镉离子	汞离子	锰离子	
1.59	5.42	29	29	0	<0.001	<0.0008	0.27	0.0038	<0.01	0.017	0.0006	0.000 06	0.25	2004.08.30
1.04	4.83	40.5	40.5	0	<0.001	<0.0002	0.25	<0.0003	<0.01	<0.005	<0.0005	0.000 05	0.22	2005.08.11
1.52	15.9	257	253	4	<0.002	<0.002	0.25	<0.0004	<0.01	<0.002	<0.0002	0.000 16	<0.05	2008.08.14
1.43	15.8	195	195	0	<0.002	<0.002	0.36	0.0096	<0.01	<0.002	<0.0002	<0.000 04	0.055	2009.09.04
0.91	14.6	259	259	0	<0.002	<0.002	0.33	<0.0004	<0.01	0.0038	<0.0002	<0.000 04	0.15	2010.09.03
0.8	15.4	102.6	102.6	0	<0.001	<0.0008	0.22	0.002	0.005	0.008	0.008	0.0007		2001.08.27
2.6	1.5	17.5	17.5	0	0.003	<0.0008	0.13	0.004	0.018	0.008	0.008	<0.0005	0.36	2002.07.18
0.8	1.51	49	49	0	<0.001	<0.0008	0.01	0.0013	<0.01	0.023	<0.0005	0.000 04	2.9	2003.07.21
0.82	0.5	19.5	19.5	0	<0.001	<0.008	0.03	0.0095	<0.01	<0.005	0.0006	0.000 05	0.26	2004.08.30
0.8	15.1	92.6	92.6	0	<0.001	<0.0008	0.63	<0.002	0.009	<0.008	<0.008	0.000 05		2000.10.19
1.4	13.8	190.2	190.2	0	<0.001	<0.0008	0.74	<0.002	<0.005	<0.008	<0.008	0.000 05		2001.08.22
2.8	14.1	345.3	345.3	0	<0.001	<0.0008	0.76	<0.002	<0.005	<0.008	<0.008	0.000 05	0.24	2002.07.23
2.6	14.52	337	337	0	<0.001	<0.0008	0.65	0.0004	<0.01	<0.005	<0.0005	0.000 03	0.95	2003.07.14
0.88	16.4	438	430	8	<0.001	<0.0008	0.64	0.0043	<0.01	<0.005	<0.0005	0.000 04	1.12	2004.08.26
6.72	17	411	411	0	<0.001	<0.0002	0.7	0.0018	<0.01	<0.005	<0.0005	0.000 06	1.6	2005.08.09
7.41	16.2	442	442	0	<0.002	<0.002	0.49	0.002	<0.01	<0.005	<0.0005	0.000 06	1.02	2006.08.12
9.26	15.4	413	413	0	<0.001	0.0018	0.56	0.0014	<0.01	<0.002	<0.0002	0.000 08	0.42	2007.08.21
0.89	14.2	470	470	0	<0.002	<0.002	0.23	0.0025	<0.01	<0.002	<0.0002	0.000 16	<0.05	2008.08.11
1.02	15.8	500	500	0	<0.002	<0.002	0.52	<0.0004	<0.01	<0.002	<0.0002	<0.000 04	<0.05	2009.09.03
2.39	10.8	413	413	0	<0.002	<0.002	0.48	<0.0004	<0.01	<0.002	<0.0002	<0.000 04	0.67	2010.09.03

第二章 咸 阳 市

一、咸阳市地下水质监测点基本信息

咸阳市地下水质监测点基本信息表

序号	点号	位置	地下水类型	页码
1	36	咸阳秦都区红旗砖厂南	潜水	
2	41-1	咸阳启蒙工贸公司南	潜水	
3	51	咸阳自来水公司四水厂	潜水	
4	336	咸阳朝阳橡胶制品厂	潜水	
5	GQ18	乾县薛录中学西南	潜水	
6	GQ20	礼泉县药王洞东仪门村	潜水	
7	19	西北橡胶厂北里村供水站	承压水	
8	A18	咸阳西郊水厂吕村南	潜水	
9	46	陕西第二毛纺织厂	承压水	
10	26	咸阳彩虹集团公司西阳村站	承压水	
11	49	咸阳市自来水公司	承压水	
12	173	咸阳茂陵焊轨队	承压水	
13	457	陕西玻璃厂	承压水	
14	505-1	咸阳沣西中学	承压水	
15	X2-1	咸阳市一粮库	承压水	
16	X23	陕西省水电十五局	承压水	
17	GQ26	武功县水利局	潜水	
18	32	咸阳彩虹集团水源地	承压水	
19	GQ25	兴平航空电气公司	承压水	
20	51-1	咸阳市自来水公司一水厂	承压水	
21	98	陕西棉纺厂第八分厂	潜水	
22	A18-1	咸阳市西郊水厂(南营)	潜水	
23	26-1	咸阳市西北橡胶厂生产区	承压水	
24	116	咸阳市肉联厂	承压水	
25	32-1	咸阳市印染厂	承压水	
26	84	咸阳市印染厂	承压水	
27	84-1	咸阳市西郊供水工程筹建处(南营村北)西井	承压水	
28	268	咸阳市魏家泉村中(原红旗砖厂对面)	潜水	
29	26-2	咸阳市四水406号井	承压水	
30	A6	咸阳市西郊给水工程筹建处南营村北	潜水	
31	463	咸阳市自来水公司	承压水	
32	C4	咸阳市西郊给水工程筹建处吕村西	承压水	
33	522	咸阳市古渡公园	潜水	
34	41-2	咸阳市秦都区渭滨镇两寺渡村中	潜水	
35	19-1	咸阳市西北橡胶厂	承压水	
36	46-1	咸阳市丽彩房地产开发公司	承压水	
37	32-2	咸阳市彩虹集团705院中井	承压水	

二、咸阳市地下水质资料

咸阳市地下水质资料表

点号	年份	pH值	色度	浊度	臭和味	肉眼可见物	阳离子(mg/L)							阴离子(mg/L)						矿化度	溶解性固体
							钾离子	钠离子	钙离子	镁离子	氨氮	三价铁	二价铁	氯离子	硫酸根	重碳酸根	碳酸根	硝酸根	亚硝酸根		
36	2000	7.9					174.2		27.1	38.9	0.01			67.4	101.8	472.9	0	22	<0.003		662
	2001	7.7					174.7		28.1	46.8	<0.01			76.2	91.3	512.6	0	24.5	0.006		710
	2003	8					203.4		35.1	40.5	0.04	<0.080		105.6	184	411.9	3	16.5	0.005	1002	796
	2004	7.8	5	<1			200.6		64.1	39.3	0.06	<0.080		104.6	119.1	567.5	0	23	0.003	1111.8	828
	2005	7.6	<5.0	<1.0			206.8		48.1	37.7	0.01	<0.080		104.6	168.1	472.9	0	18.17	0.006	1028.5	792
	2007	7.5	6	<1.0		微量沉淀	212.9		42.1	49.8	0.06	<0.080		104.6	172.9	518.7	0	25.31	<0.003	1131.4	872
	2008	7.9	5	<1.0			227.9		46.1	44.4	0.02	<0.080		106.4	184.9	524.8	0	25.49	<0.003	1178.4	916
	2009	7.74					2.08	234	31.9	51.8	<0.02	<0.05		87.4	169	574	0	27.8	<0.003	1189.0	902
	2010	7.75					2.19	216	33	50	0.21	<0.05		95.5	165	526	0	26.5	<0.002	1126.0	863
41-1	2000	7.7					205.8		34.1	52.9	0.01			83.3	190.2	527.8	0	2.5	0.005		832
	2001	8.1					193.2		39.1	52.9	<0.01			81.5	184.9	497.3	12	<2.50	0.009		834
	2003	8					182.3		39.1	38.3	0.04	0.216		75.9	168.1	445.4	3	<2.50	0.016	966.7	744
	2004	8.2	5	<1.0			179.1		34.1	47.8	0.02	0.104		74.4	156.1	488.1	0	<2.50	<0.003	996.1	752
	2005	7.9	6	<1.0			183.9		43.1	50.4	0.02	0.102		81.5	187.3	494.2	0	<2.50	0.005	1033.1	786
	2006	7.6	5	<1.0			199		41.1	62.6	<0.01	<0.080		88.6	199.3	561.4	0	<2.50	<0.003	1182.7	902
	2007	8.1	5	<1.0			216.2		51.1	65	0.02	<0.080		93.9	223.3	598	6	<2.50	<0.003	1271	972
	2008	7.7	5	<1.0			170.2		39.1	41.3	0.04	<0.080		72.7	153.7	457.6	0	<2.50	<0.003	936.8	708
	2010	8.02					1.76	205	48.8	90.3	0.28	<0.05		123	242	645	0	8.26	<0.002	1424.5	1102
51	2000	7.7					81.1		46.1	41.9	0.04			60.3	90.3	347.8	0	<2.50	0.016		502
	2003	7.9					129.6		32.1	30.4	0.68	0.12		63.8	123.9	329.5	0	<2.5	0.022	690.8	526
	2004	8.2	5	<1.0			133.1		48.1	52.3	0.03	<0.080		67.4	117.7	485.1	3	2.75	0.016	924.6	682
	2005	7.5	6	<1.0			117.1		44.1	51.7	0.04	0.15		67.4	110.5	448.5	0	<2.50	0.005	838.3	614
	2006	7.7	5	<1.0			102.1		45.1	57.7	<0.01	0.161		65.6	110.5	445.4	0	<2.50	0.003	870.7	648
	2007	8	5	<1.0		少量沉淀	111.4		61.1	49.2	0.02	0.114		69.1	115.3	463.7	0	<2.50	0.024	921.9	690
	2008	7.6	5	<1.0			97.1		53.1	32.8	0.24	0.289		51.4	86.5	387.5	0	<2.50	0.004	725.8	532
	2009	7.86					1.68	122	45	63.3	0.14	<0.05		58.2	122	561	0	7.99	<0.003	958	677
	2010	7.7					1.78	127	47.5	62.2	0.26	0.2		71.8	123	519	0	1.66	<0.002	955	695
336	2000	7.5					247.6		46.1	68.7	0.02			92.2	192.6	683.4	0	56.25	0.005		1050
	2001	7.8					260.2		46.1	86.3	0.02			120.5	208.9	729.2	0	63	0.013		1138
	2003	8					272.7		55.1	91.8	0.02	<0.080		126.9	249.8	756.6	3	54.5	0.015	1666.3	1288
	2004	8.1	5	<1.0			291.2		46.1	96.4	<0.01	<0.080		129.4	253.6	778	0	71.88	0.007	1683	1294
	2005	7.5	<5.0	<1.0			281.9		50.1	97.8	0.02	<0.080		138.3	269	738.3	0	74.88	0.009	1679.2	1310
	2006	7.8	5	<1.0			293		52.1	103.3	<0.01	<0.080		141.8	285.8	768.8	0	80.02	0.02	1752.4	1368

COD	可溶性 SiO_2	硬度(以碳酸钙计,mg/L)			毒理学指标,mg/L									取样时间
		总硬	暂硬	永硬	挥发分	氰化物	氟离子	砷	六价铬	铅离子	镉离子	汞离子	锰离子	
0.7	16.1	227.7	227.7	0	<0.001	<0.0008	1.07	<0.002	0.073	<0.008	<0.008	<0.0005		2000.09.12
1.1	15.5	262.7	262.7	0	<0.001	<0.0008	1.15	<0.002	0.057	<0.008	<0.008	<0.0005		2001.09.04
0.4	15.5	254.2	254.2	0	<0.001	<0.0008	1.10	<0.002	0.030	<0.008	<0.008	<0.0005	<0.02	2003.10.13
1.1	12.5	321.8	321.8	0	<0.001	<0.0008	1.00	0.002	0.054	<0.008	<0.008	<0.0005	0.06	2004.10.19
0.9	14.5	275.2	275.2	0	<0.001	<0.0008	0.95	0.004	0.057	<0.008	<0.008	<0.0005	<0.02	2005.10.25
1.7	13.3	310.3	310.3	0	<0.001	<0.0008	0.87	0.002	<0.005	<0.008	<0.008	<0.0005	0.14	2007.10.16
1	13.8	297.8	297.8	0	<0.001	<0.0008	0.93	<0.002	0.066	<0.005	<0.005	<0.0005	<0.02	2008.10.14
1.1	15.5	293	293	0	<0.002	<0.002	0.92	0.0032	0.058	<0.002	<0.0002	<0.000 04	<0.05	2009.10.31
0.36	18.3	288	288	0	<0.002	<0.002	0.91	0.000 56	0.078	<0.002	<0.0002	<0.000 04	<0.05	2010.11.04
1	13.1	302.8	302.8	0	<0.001	<0.0008	1.26	0.004	<0.005	<0.008	<0.008	<0.0005		2000.09.12
1	12	315.3	315.3	0	<0.001	<0.0008	1.51	<0.002	<0.005	<0.008	<0.008	<0.0005		2001.09.04
0.8	10.8	255.2	255.2	0	<0.001	<0.0008	1.38	<0.002	<0.005	<0.008	<0.008	<0.0005	0.02	2003.10.13
0.8	7.8	281.8	281.8	0	<0.001	<0.0008	1.38	<0.002	<0.005	<0.008	<0.008	<0.0005	0.18	2004.10.20
1	10.1	315.3	315.3	0	<0.001	<0.0008	1.26	0.002	<0.005	<0.008	<0.008	<0.0005	0.06	2005.10.26
1.1	12.6	360.3	360.3	0	<0.001	<0.0008	1.2	<0.002	<0.005	<0.008	<0.008	<0.0005	<0.02	2006.09.12
1.5	9.1	395.4	395.4	0	<0.001	<0.0008	1.07	<0.002	<0.005	<0.008	<0.008	<0.0005	0.04	2007.10.17
2.1	9.1	267.7	267.7	0	<0.001	<0.0008	1.23	0.004	<0.005	<0.005	<0.005	<0.0005	<0.02	2008.10.14
0.56	18.2	494	494	0	<0.002	<0.002	0.7	<0.0004	<0.010	<0.002	<0.0002	<0.000 04	<0.05	2010.11.04
1.8	13.3	287.8	285.3	2.5	<0.001	<0.0008	0.72	<0.002	<0.005	<0.008	<0.008	<0.0005		2000.09.12
2.5	8.8	205.2	205.2	0	<0.001	<0.0008	0.72	<0.002	<0.005	<0.008	<0.008	<0.0005	0.64	2003.11.14
1	8.2	335.3	335.3	0	<0.001	<0.0008	0.083	0.002	<0.005	<0.008	<0.008	<0.0005	0.12	2004.10.20
2	10.6	322.8	322.8	0	<0.001	<0.0008	0.71	0.003	<0.005	<0.008	<0.008	<0.0005	<0.02	2005.10.26
1	13.5	350.3	350.3	0	<0.001	<0.0008	0.76	<0.002	<0.005	<0.008	<0.008	<0.0005	0.1	2006.09.12
2.2	13.6	355.3	355.3	0	<0.001	<0.0008	0.68	<0.002	<0.005	<0.008	<0.008	<0.0005	0.12	2007.11.02
1.4	4.3	267.7	267.7	0	<0.001	<0.0008	0.58	<0.002	<0.005	<0.005	<0.005	<0.0005	0.1	2008.10.21
1.5	13.3	373	373	0	<0.002	<0.002	1.1	<0.0004	<0.010	<0.002	<0.0002	<0.000 04	<0.05	2009.10.31
1.17	15.4	375	373	0	<0.002	<0.002	0.79	<0.0004	<0.010	<0.002	<0.0002	<0.000 04	0.15	2010.11.04
2.1	17.6	397.9	397.9	0	<0.001	<0.0008	0.98	0.008	0.14	<0.008	<0.008	<0.0005		2000.09.12
1	17	470.4	470.4	0	<0.001	<0.0008	1.12	0.006	0.13	<0.008	<0.008	<0.0005		2001.09.04
0.5	17	515.5	515.5	0	<0.001	<0.0008	1	0.004	0.115	<0.008	<0.008	<0.0005	<0.02	2003.10.13
0.5	15	512	512	0	<0.001	<0.0008	0.98	0.006	0.114	<0.008	<0.008	<0.0005	<0.02	2004.10.20
0.9	14.9	528	528	0	<0.001	<0.0008	0.89	0.008	0.124	<0.008	<0.008	<0.0005	0.1	2005.10.26
0.9	17.5	555.4	555.4	0	<0.001	<0.0008	0.89	<0.002	0.128	<0.008	<0.008	<0.0005	<0.02	2006.09.12

续表

点号	年份	pH值	色度	浊度	臭和味	肉眼可见物	阳离子(mg/L)							阴离子(mg/L)						矿化度	溶解性固体
							钾离子	钠离子	钙离子	镁离子	氨氮	三价铁	二价铁	氯离子	硫酸根	重碳酸根	碳酸根	硝酸根	亚硝酸根		
336	2007	7.7	5	<1.0			324.2		94.2	80.8	0.02	<0.080		157.8	312.2	759.7	0	126.86	0.011	1847.9	1468
	2008	7.8	5	<1.0			311.9		146.3	60.8	0.02	<0.080		157.8	336.2	790.2	0	90.78	0.018	1891.1	1496
	2009	7.51					2.48	425	61.2	131	0.18	0.17		217	405	868	0	111	0.096	2199	1765
	2010	7.53					3.15	341	72.3	129.6	0.25	0.17		228	370	839	0	118	0.0085	2178	1758
QG18	2000	8					80		53.1	89.3	0.02			60.3	116.7	512.6	0	58.75	0.03		730
	2001	7.7					80		46.1	91.7	<0.01			65.6	117.7	497.3	0	54.5	0.009		744
	2003	7.5					51.3		64.1	110.6	0.02	<0.080		75.5	153.7	547.9	0	13.75	0.051	1064	790
	2004	7.8	5	>30.0		微量沉淀	128.5		120.2	32	0.01	0.472		76.2	80.7	561.4	0	70	0.017	1046.7	766
	2005	7.4	<5.0	<1.0		微量沉淀	120.6		58.1	109.4	0.1	<0.080		136.5	67.2	537	0	188.01	3.135	1288.5	1020
	2006	7.6	<5.0	<1.0			77.6		48.1	124	<0.01	<0.080		106.4	103.3	549.2	0	113.05	0.011	1148.6	874
	2007	7.5	20	6			185.5		55.1	37.1	0.08	<0.080		95.7	160.9	454.6	0	22.82	0.029	1009.3	782
	2008	7.6	5	1			103.7		66.1	110.6	0.4	<0.080		125.8	76.8	567.5	0	148.39	4.014	1239.8	956
	2009	7.49					0.66	119	56	134	0.3	<0.05		141	79.8	609	0	274	0.089	1412	1107
	2010	8.05					0.59	104	57.9	132	0.12	<0.05		133	82.7	526	30.6	204	<0.002	1412	1149
GQ20	2000	7.5					338.1		35.1	66.8	0.06			207.4	252.6	625.4	0	36.75	0.025		1254
	2001	7.5					305.6		39.1	63.2	0.02			182.6	228.1	613.2	0	30.25	0.061		1160
	2003	7.6					95.8		58.1	15.8	0.16	<0.080		52.5	75.9	311.2	0	13.25	0.008	665.6	510
	2004	7.9	5	<1.0			330.4		28.1	71.3	0.01	<0.080		195	238.7	640.7	0	34	0.04	1566.4	1246
	2005	7.8	6	<1.0			316.5		42.1	64.4	0.06	<0.080		195	245	604.1	0	41.01	0.073	1542.1	1240
	2006	7.7	<5.0	<1.0			315.8		28.1	71.7	0.04	<0.080		193.2	232.9	625.4	0	29.6	0.2	1514.7	1202
	2007	7.5	5	<1.0			124.8		60.1	111.8	0.04	<0.080		127.6	84.1	543.1	0	209.33	0.19	1247.6	976
	2008	7.7	15	2		微量沉淀	205.5		53.1	45	0.1	<0.080		120.5	175.3	475.9	0	27.25	0.042	1140	902
	2009	7.37					8.63	120	61.8	31.7	0.12	<0.05		58.9	114	423	0	29	0.0053	854	642
	2010	8.02					1.26	321	23.4	77.8	0.078	<0.05		189	224	620	27.2	37	0.014	1562	1252
19	2000	7.6					106.4		44.1	25.5	0.08			35.4	75.9	387.5	0	<2.50	0.006		486
	2001	7.7					109.9		42	28.6	0.03			36.5	86.5	390.5	0	<2.50	0.004		492
	2003	7.7					101.2		49.1	21.3	0.08	0.128		34	69.6	378.3	0	<2.50	0.003	675.2	486
	2004	8.3	5	<1.0			98.4		44.1	23.3	0.03	0.184		30.1	61	375.3	3	<2.50	<0.003	665.7	478
	2005	7.8	5	<1.0			104.3		52.1	20.7	0.04	0.277		35.5	76.8	381.4	0	<2.50	<0.003	664.7	474
	2006	8.1	6	2			126.3		34.1	21.3	<0.01	0.133		49.6	100.9	332.5	0	<2.50	0.005	684.3	518
	2007	8.4	18	2		少量沉淀	136.3		21	15.2	0.06	0.364		51.4	91.3	238	30	<2.50	0.004	573	454
	2008	8.1	5	<1.0		微量沉淀	128.5		38.1	35.9	0.04	0.193		40.8	100.9	427.1	6	<2.50	0.009	779.6	566
	2010	7.85					1.45	149	40.1	47.8	0.17	0.16		47.4	127	536	0	0.12	<0.002	958	690

COD	可溶性SiO_2	硬度(以碳酸钙计,mg/L)			毒理学指标,mg/L									取样时间
		总硬	暂硬	永硬	挥发分	氰化物	氟离子	砷	六价铬	铅离子	镉离子	汞离子	锰离子	
1	14.9	568	568	0	<0.001	<0.0008	0.85	0.006	0.105	<0.008	<0.008	<0.0005	<0.02	2007.10.17
1	13.5	615.6	615.6	0	<0.001	<0.0008	0.78	0.006	0.098	<0.005	<0.005	<0.0005	<0.02	2008.10.16
1.2	19.6	692	692	0	<0.002	<0.002	0.64	0.0055	0.038	<0.002	<0.0002	<0.000 04	<0.05	2009.10.31
0.76	22.7	714	714	0	<0.002	<0.002	0.42	0.0058	0.062	<0.002	<0.0002	<0.000 04	<0.05	2010.11.04
1.4	15.7	500.4	420.4	80	<0.001	<0.0008	1.38	<0.002	0.016	<0.008	<0.008	<0.0005		2000.09.12
0.8	14.5	492.9	407.9	85	<0.001	<0.0008	1.38	<0.002	0.013	<0.008	<0.008	<0.0005		2001.09.05
1	16.5	645.6	449.4	166.2	<0.001	<0.0008	1.41	<0.002	0.016	<0.008	<0.008	<0.0005	0.04	2003.10.14
0.8	9	431.9	431.9	0	<0.001	<0.0008	1.58	<0.002	0.035	<0.008	<0.008	<0.0005	0.1	2004.10.19
0.7	11	595.5	440.4	155.1	<0.001	<0.0008	1.35	0.005	0.028	<0.008	<0.008	<0.0005	<0.02	2005.10.25
0.9	14.2	630.6	450.4	180.2	<0.001	<0.0008	1.35	<0.002	0.046	<0.008	<0.008	<0.0005	<0.02	2006.09.13
5	19.4	290.3	290.3	0	<0.001	<0.0008	1.32	0.006	0.039	<0.008	<0.008	<0.0005	<0.02	2007.10.16
2.1	11.1	620.6	465.4	155.2	<0.001	<0.0008	1.29	<0.002	0.013	<0.005	<0.005	<0.0005	<0.02	2008.10.14
0.85	15.4	692	499	193	<0.002	<0.002	1.4	0.0019	0.019	<0.002	<0.0002	<0.000 04	<0.05	2009.10.31
0.44	16.2	688	526	162	<0.002	<0.002	1.27	0.0017	0.019	<0.002	<0.0002	<0.000 04	<0.05	2010.11.04
1.2	11	362.8	362.8	0	<0.001	<0.0008	2.19	<0.002	0.132	<0.008	<0.008	<0.0005		2000.09.12
2.5	12	357.8	357.8	0	<0.001	<0.0008	2.04	<0.002	0.078	<0.008	<0.008	<0.0005		2001.09.05
7.9	13.8	210.2	210.2	0	<0.001	<0.0008	1.07	0.005	0.028	<0.008	<0.008	<0.0005	<0.02	2003.10.14
0.9	7	363.8	363.8	0	<0.001	<0.0008	2.24	0.002	0.121	<0.008	<0.008	<0.0005	<0.02	2004.10.19
1	10.6	370.3	370.3	0	<0.001	<0.0008	2.14	0.004	0.117	<0.008	<0.008	<0.0005	<0.02	2005.10.25
1.1	12.4	365.3	365.3	0	<0.001	<0.0008	2.14	<0.002	0.069	<0.008	<0.008	<0.0005	<0.02	2006.09.13
1.3	12.2	610.5	445.4	165.1	<0.001	<0.0008	1.26	<0.002	0.018	<0.008	<0.008	<0.0005	<0.02	2007.10.16
2	14.1	317.8	317.8	0	<0.001	<0.0008	1.51	<0.002	0.046	<0.005	<0.005	<0.0005	<0.02	2008.10.14
4.7	18	499	285	193	<0.002	<0.002	1.05	0.0074	0.017	<0.002	<0.0002	<0.000 04	<0.05	2009.10.31
0.72	13.1	379	379	0	<0.002	<0.002	1.98	0.0033	0.14	<0.002	<0.0002	<0.000 04	<0.05	2010.11.04
0.7	17.9	215.2	215.2	0	<0.001	<0.0008	0.69	0.002	<0.005	<0.008	<0.008	<0.0005		2000.09.12
0.7	17.7	222.7	222.7	0	<0.001	<0.0008	0.79	<0.002	<0.005	<0.008	<0.008	<0.0005		2001.09.04
0.6	16.5	210.2	210.2	0	<0.001	<0.0008	0.81	<0.002	<0.005	<0.008	<0.008	<0.0005	0.1	2003.10.13
0.6	14.2	206.2	206.2	0	<0.001	<0.0008	0.74	<0.002	<0.005	<0.008	<0.008	<0.0005	0.1	2004.10.20
0.8	16.2	215.2	215.2	0	<0.001	<0.0008	1.02	<0.002	<0.005	<0.008	<0.008	<0.0005	0.04	2005.10.25
0.9	7.6	172.7	172.7	0	<0.001	<0.0008	0.69	<0.002	<0.005	<0.008	<0.008	<0.0005	0.22	2006.09.13
1.1	3.1	115.1	115.1	0	<0.001	<0.0008	0.62	0.002	<0.005	<0.008	<0.008	<0.0005	0.22	2007.11.12
0.9	10.1	242.7	242.7	0	<0.001	<0.0008	0.87	<0.002	<0.005	<0.005	<0.005	<0.0005	0.06	2008.10.16
0.36	16.1	297	297	0	<0.002	<0.002	0.83	<0.0004	<0.010	<0.002	<0.0002	<0.000 04	<0.05	2010.11.04

续表

点号	年份	pH值	色度	浊度	臭和味	肉眼可见物	阳离子(mg/L) 钾离子	钠离子	钙离子	镁离子	氨氮	三价铁	二价铁	阴离子(mg/L) 氯离子	硫酸根	重碳酸根	碳酸根	硝酸根	亚硝酸根	矿化度	溶解性固体
A18	2000	7.5					105.2		40.1	40.7	0.08			53.2	111.9	372.2	0	<2.50	0.003		542
	2003	8					93.1		45.1	27	0.12	0.44		43.6	80.2	335.6	3	3	0.033	637.8	470
	2004	8.1	5	<1.0		微量沉淀	96.5		42.1	43.2	0.12	0.232		58.5	93.7	378.3	0	<2.50	0.004	717.2	528
	2005	7.7	5	<1.0			98.3		40.1	38.3	0.16	0.288		47.9	81.7	390.5	0	<2.50	0.014	685.3	490
	2007	7.7	5	<1.0			86.2		49.1	16.4	0.02	<0.080		35.5	64.8	317.3	0	<2.50	0.014	590.7	432
	2008	7.8	5	<1.0			84.7		48.1	26.1	0.18	0.14		37.2	69.6	350.9	0	<2.50	0.069	635.5	460
	2009	7.79					1.2	95	43.2	35.3	0.15	0.13		3.61	76	426	0	7.05	<0.003	730	517
46	2000	8.1					208.4		48.1	41.9	<0.01			92.2	197.4	482	9	<2.50	<0.003		830
	2001	7.7					215.5		40.1	48	0.03			89.3	187.3	543.1	0	<2.50	0.009		872
	2003	7.9					203.5		49.1	39.5	0.02	0.216		77.3	187.3	517.4	0	<2.50	0.004	1098.7	840
	2004	8	10	<1.0		微量沉淀	221.6		50.1	38	0.06	0.176		85.1	176.8	558.3	0	<2.50	0.011	1145.2	866
	2005	7.7	8	<1.0			213.6		40.1	45.2	0.04	0.21		85.1	200.3	515.6	0	<2.50	0.013	1107.8	850
	2006	7.7	10	2			182		43.1	41.3	0.02	0.684		74.4	172.9	475.9	0	<2.50	0.027	1008	770
	2007	8.2	15	6		微量沉淀	189.8		53.1	38.3	0.04	0.829		74.4	180.1	491.2	6	<2.50	0.013	1071.6	826
	2008	8.2	15	4		微量沉淀	194.6		50.1	35.9	0.32	0.394		70.9	172.9	485.1	12	<2.50	0.024	1030.6	788
26	2000	7.6					105.8		48.1	25.5	0.6			35.4	83.1	390.5	0	<2.50	0.023		492
	2004	8.2	5	<1.0			99.4		39.1	26.1	0.1	0.104		44.3	74.4	335.6	3	<2.50	<0.003	623.8	456
49	2000	7.5					96.1		49.1	26.7	0.01			39	85.5	363.1	0	<2.50	0.067		486
	2001	7.9					101.5		42.1	29.2	0.12			42.5	84.1	364.3	0	<2.50	0.004		488
	2003	7.8					100.6		49.1	26.5	0.18	0.304		41.8	87.9	367.3	0	<2.50	0.009	665.7	482
	2004	8	5	<1.0			94.6		47.1	25.9	0.14	0.272		37.2	75.9	363.1	0	<2.50	<0.003	659.6	478
	2005	7.6	<5.0	<1.0			97.4		42.1	29.2	0.12	0.162		39	86.5	357	0	<2.50	0.007	648.5	470
	2006	7.6	5	<1.0			94		45.1	26.1	0.06	0.223		42.5	76.8	347.8	0	<2.50	0.004	663.9	490
	2007	8	5	<1.0			96.5		46.1	26.1	0.06	<0.080		37.2	84.1	357	0	<2.50	<0.003	658.5	480
	2008	7.9	5	<1.0			91.7		46.1	27.3	0.1	0.092		39	81.7	350.9	0	<2.50	0.005	659.5	484
	2009	8.09					1.24	102	46.8	31.1	<0.02	0.065		30.7	85.9	386	0	1.02	<0.003	686	493
	2010	8.18					1.27	92	47.3	30.3	0.15	0.12		40.6	73.7	363	10.2	0.48	<0.002	668	486
173	2000	8.2					160.4		34.1	40.7	0.02			35.4	118.6	497.3	9	6.5	<0.003		668
	2001	7.7					165.3		34.1	35.8	<0.01			47.9	108.1	497.3	0	5.5	0.007		650
	2003	7.8					168.8		42.1	42.5	0.04	<0.080		43.6	120.1	549.2	0	13	0.004	996.6	722
	2004	7.6	5	4			183.1		52.1	44.5	0.04	<0.080		51.4	125.4	598	0	19	0.009	1079	780
	2005	7.9	<5.0	<1.0			170.8		45.1	48	<0.01	<0.080		46.1	134.5	561.4	0	20.33	0.004	1022.7	742
	2007	7.5	6	<1.0			187.3		43.1	52.9	0.06	0.092		54.9	146.5	591.9	0	21.74	0.004	1080	784
	2008	7.7	5	<1.0			161.2		49.1	32.8	0.08	<0.080		39	117.7	515.6	0	10.15	0.004	939.8	682
	2009	7.97					1.48	162	32.2	46.4	0.11	<0.05		31.9	118	552	0	15.1	<0.003	920	644
	2010	8.59					1.54	164	34	47.1	0.18	<0.05		41.8	115	473	40.8	8.73	<0.002	940	703

COD	可溶性 SiO_2	硬度(以碳酸钙计,mg/L)			毒理学指标,mg/L									取样时间
		总硬	暂硬	永硬	挥发分	氰化物	氟离子	砷	六价铬	铅离子	镉离子	汞离子	锰离子	
1.5	15.4	267.7	267.7	0	<0.001	<0.0008	1.15	<0.002	<0.005	<0.008	<0.008	<0.0005		2000.09.12
1.2	15.6	223.7	223.7	0	<0.001	<0.0008	1.05	<0.002	<0.005	<0.008	<0.008	<0.0005	0.12	2003.10.13
1.4	10.2	282.8	282.8	0	<0.001	<0.0008	1.2	<0.002	<0.005	<0.008	<0.008	<0.0005	0.14	2004.10.20
1.4	15.2	257.7	257.7	0	<0.001	<0.0008	0.87	<0.002	<0.005	<0.008	<0.008	<0.0005	0.14	2005.10.25
0.6	15.2	190.2	190.2	0	<0.001	<0.0008	0.43	<0.002	<0.005	<0.008	<0.008	<0.0005	0.1	2007.10.22
1.5	15.2	227.7	227.7	0	<0.001	<0.0008	0.85	<0.002	<0.005	<0.008	<0.008	<0.0005	0.08	2008.10.14
1.7	16.5	253	253	0	<0.002	<0.002	0.84	<0.0004	<0.010	<0.002	<0.0002	<0.000 04	0.1	2009.10.31
0.7	16.4	292.8	292.8	0	<0.001	<0.0008	0.93	<0.002	<0.005	<0.008	<0.008	<0.0005		2000.09.12
1.1	15.7	297.8	297.8	0	<0.001	<0.0008	1.02	<0.002	<0.005	<0.008	<0.008	<0.0005		2001.09.04
0.5	16.5	285.3	285.3	0	<0.001	<0.0008	1.02	<0.002	<0.005	<0.008	<0.008	<0.0005	0.1	2003.10.13
0.7	11.8	281.8	281.8	0	<0.001	<0.0008	0.91	<0.002	<0.005	<0.008	<0.008	<0.0005	0.12	2004.10.19
1	12.7	286.3	286.3	0	<0.001	<0.0008	0.89	0.003	<0.005	0.054	<0.008	<0.0005	0.1	2005.10.26
1	14.6	277.7	277.7	0	<0.001	<0.0008	0.98	<0.002	<0.005	<0.008	<0.008	<0.0005	0.08	2006.09.12
1.3	11.2	290.3	290.3	0	<0.001	<0.0008	0.87	<0.002	<0.005	0.043	<0.008	<0.0005	0.14	2007.10.17
0.7	12.3	272.7	272.7	0	<0.001	<0.0008	0.76	<0.002	<0.005	0.045	<0.008	<0.0005	0.1	2008.10.16
0.5	18.1	225.2	225.2	0	<0.001	<0.0008	0.58	<0.002	<0.005	<0.008	<0.008	<0.0005		2000.09.12
0.5	12.8	205.2	205.2	0	<0.001	<0.0008	0.66	<0.002	<0.005	<0.008	<0.008	<0.0005	0.1	2004.10.20
0.7	18.1	232.7	232.7	0	<0.001	<0.0008	0.6	<0.002	<0.005	<0.008	<0.008	<0.0005		2000.09.12
0.7	17.8	225.2	225.2	0	<0.001	<0.0008	0.68	<0.002	<0.005	<0.008	<0.008	<0.0005		2001.09.05
1	17	231.7	231.7	0	<0.001	<0.0008	0.68	<0.002	<0.005	<0.008	<0.008	<0.0005	0.26	2003.12.02
0.9	13.8	224.2	224.2	0	<0.001	<0.0008	0.65	<0.002	<0.005	<0.008	<0.008	<0.0005	0.14	2004.10.20
1.2	15.2	225.2	225.2	0	<0.001	<0.0008	0.56	<0.002	<0.005	<0.008	<0.008	<0.0005	0.08	2005.10.26
1	17.8	220.3	220.3	0	<0.001	<0.0008	0.63	<0.002	<0.005	<0.008	<0.008	<0.0005	0.1	2006.09.12
1.2	15.2	222.7	222.7	0	<0.001	<0.0008	0.52	<0.002	<0.005	<0.008	<0.008	<0.0005	0.32	2007.10.17
1.5	11.5	227.7	227.7	0	<0.001	<0.0008	0.59	<0.002	<0.005	<0.005	<0.005	<0.0005	0.1	2008.10.16
0.85	17.4	245	245	0	<0.002	<0.002	0.54	<0.0004	<0.010	<0.002	<0.0002	<0.000 04	<0.05	2009.10.31
0.52	19.6	243	243	0	<0.002	<0.002	0.4	0.0049	<0.010	<0.002	<0.0002	<0.000 04	0.12	2010.11.04
0.7	14.1	252.7	252.7	0	<0.001	<0.0008	1	<0.002	<0.005	<0.008	<0.008	<0.0005		2000.09.12
0.7	14.5	232.7	232.7	0	<0.001	<0.0008	1.17	<0.002	<0.005	<0.008	<0.008	<0.0005		2001.09.04
0.6	14.5	280.3	280.3	0	<0.001	<0.0008	1.2	<0.002	0.016	<0.008	<0.008	<0.0005	<0.02	2003.10.13
0.5	12.5	313.3	313.3	0	<0.001	<0.0008	1.12	0.002	0.025	<0.008	<0.008	<0.0005	<0.02	2004.10.19
0.9	13.1	310.3	310.3	0	<0.001	<0.0008	1.05	0.004	0.032	<0.008	<0.008	<0.0005	<0.02	2005.10.25
1.1	12.9	325.3	325.3	0	<0.001	<0.0008	1.02	0.002	0.039	<0.008	<0.008	<0.0005	<0.02	2007.10.16
1.9	13	257.7	257.7	0	<0.001	<0.0008	1	0.002	<0.005	<0.005	<0.005	<0.0005	<0.02	2008.10.14
0.55	16	272	272	0	<0.002	<0.002	0.92	0.0033	0.015	<0.002	<0.0002	<0.000 04	<0.05	2009.10.31
0.36	16.7	279	279	0	<0.002	<0.002	0.85	0.00058	0.013	<0.002	<0.0002	<0.000 04	<0.05	2010.11.04

续表

点号	年份	pH值	色度	浊度	臭和味	肉眼可见物	阳离子(mg/L)							阴离子(mg/L)						矿化度	溶解性固体
							钾离子	钠离子	钙离子	镁离子	氨氮	三价铁	二价铁	氯离子	硫酸根	重碳酸根	碳酸根	硝酸根	亚硝酸根		
457	2000	8.2					321.7		25	23.7	0.02			237.5	263.7	286.8	9	<2.50	0.019		1034
	2001	7.7					320.8		21	22.5	0.12			239.3	245	299	0	6.5	0.024		1024
	2003	8.1					320.6		33.1	15.8	0.14	0.096		237.5	252.2	292.3	4.8	<2.50	0.01	1166.2	1020
	2004	8.3	10	<1.0			324.8		24	20.3	0.14	0.272		242.8	250.7	289.8	3	<2.50	0.048	1158.9	1014
	2005	7.9	<5.0	<1.0			325.3		21	21.5	0.1	<0.080		242.8	260.3	286.8	0	<2.50	0.01	1145.4	1002
	2007	8.1	5	<1.0			325.2		48.1	5.5	0.04	0.149		239.3	261.8	280.7	6	<2.50	0.004	1204.4	1064
	2008	7.9	5	<1.0			321.8		25.1	18.8	0.16	<0.080		241.1	247.4	295.9	0	<2.50	0.008	1174	1026
	2009	8.13					1.11	380	19.2	23.1	0.075	<0.05		238	288	327	0	8.32	0.0079	1220	1056
	2010	8.28					1.12	308	20.3	22.9	0.075	<0.05		248	245	264	0	1.16	0.0085	1139	1007
505-1	2000	8.1					95.9		49.1	25.5	0.02			37.2	89.8	341.7	6	<2.50	<0.003		478
	2001	7.9					98.9		48.1	27.3	<0.01			39	98.5	353.9	0	<2.50	<0.003		478
	2003	7.9					90.3		48.1	28.6	0.03	0.184		38.3	91.7	347.8	0	<2.50	0.013	665.9	492
	2004	8.1	5	2			92.3		52.1	27.6	0.04	0.299		40.8	92.2	353.9	0	<2.50	0.01	659	482
	2005	7.9	5	<1.0			95.1		56.1	26.7	0.06	0.264		40.8	100.9	360	0	<2.50	0.004	672	492
	2007	7.8	5	<1.0			89.3		66.1	20.1	0.02	0.276		40.8	103.3	338.6	0	<2.50	0.004	687.3	518
	2008	7.6	5	<1.0			89.6		70.1	17.6	0.02	0.097		39	98.5	347.8	0	<2.50	<0.003	677.9	504
	2009	7.81					1.44	92.7	55.1	31.7	0.14	0.12		42.7	99.9	372	0	8.25	<0.003	724	538
	2010	8.25					1.24	77.6	39	18.1	0.19	0.16		22.9	40.1	301	17	0.5	<0.002	521	370
X2-1	2000	8.1					260.8		45.1	66.2	0.04			95.7	234.9	680.4	9	<2.50	0.004		1068
	2001	7.9					262.2		52.1	67.4	0.03			104.6	235.4	710.9	0	3.25	0.004		1084
	2003	7.8					131.1		37.1	25.5	0.04	0.528		43.6	96.1	393.6	0	<2.50	0.007	750.8	554
	2004	8.2	5	4			130.3		32.1	29.5	0.04	0.592		44.3	87.9	396.6	3	<2.50	<0.003	732.3	534
	2005	7.7	<5.0	2			124.9		40.1	24.3	<0.01	0.376		40.8	96.1	384.4	0	<2.50	0.006	716.2	524
	2007	7.7	5	2			124.9		38.1	28	0.06	0.338		37.2	96.1	402.7	0	<2.50	<0.003	713.4	512
	2008	8.1	5	<1.0			123.8		42.1	25.5	0.04	0.273		35.5	86.5	390.5	12	<2.50	0.005	741.3	546
	2009	8.12					1.25	136	33.4	32.9	0.075	0.13		40	88	445	0	8.22	<0.003	779	556
X23	2000	7.6					225.5		48.1	35.8	0.12			108.1	195	491.2	0	<2.50	<0.003		866
	2001	7.7					224.1		52.1	37.1	0.12			115.2	194.5	494.2	0	<2.50	0.063		876
	2003	7.8					207.5		57.1	38.9	0.14	<0.080		109.2	192.1	488.1	0	<2.50	0.006	1110.1	866
	2004	8.3	5	<1.0			196.4		52.1	42.2	0.04	0.184		99.3	183.5	472.9	6	<2.50	<0.003	1066.5	830
	2005	7.5	<5.0	<1.0			232.3		52.1	41.1	<0.01	<0.080		134.7	205.6	488.1	0	<2.50	0.005	1156.1	912
	2006	7.7	5	<1.0			184		56.1	43.8	<0.01	<0.080		106.4	168.1	482	0	<2.50	0.004	1087	846
	2007	7.9	7	1			189.3		70.1	48	0.16	0.198		106.4	206.5	512.6	0	<2.50	<0.003	1124.3	868
	2008	7.9	8	1			171.2		76.2	48	0.12	<0.080		106.4	199.3	491.2	0	<2.50	0.006	1121.6	876
	2009	7.86					1.31	190	57	60.9	0.18	0.12		110	207	555	0	8.19	<0.003	1202	924
	2010	7.93					1.37	190	67	53.1	0.36	0.43		169	185	454	0	0.08	<0.002	1162	935

COD	可溶性 SiO_2	硬度(以碳酸钙计,mg/L) 总硬	暂硬	永硬	毒理学指标,mg/L 挥发分	氰化物	氟离子	砷	六价铬	铅离子	镉离子	汞离子	锰离子	取样时间
1.2	11.4	160.1	160.1	0	<0.001	<0.0008	1.58	0.013	<0.005	<0.008	<0.008	<0.0005		2000.09.12
1.4	10.8	145.1	145.1	0	<0.001	<0.0008	1.9	0.012	<0.005	<0.008	<0.008	<0.0005		2001.09.04
0.7	11.2	147.6	147.6	0	<0.001	<0.0008	1.9	0.012	<0.005	<0.008	<0.008	<0.0005	<0.02	2003.10.13
0.8	7.8	143.6	143.6	0	<0.001	<0.0008	1.74	0.012	<0.005	<0.008	<0.008	<0.0005	0.06	2004.10.20
1	9.2	141.1	141.1	0	<0.001	<0.0008	1.63	0.014	<0.005	<0.008	<0.008	<0.0005	<0.02	2005.10.26
1.1	8.6	142.6	142.6	0	<0.001	<0.0008	1.48	0.012	<0.005	<0.008	<0.008	<0.0005	0.04	2007.10.17
1	6.1	140.1	140.1	0	<0.001	<0.0008	1.66	0.016	<0.005	<0.005	<0.005	<0.0005	<0.02	2008.10.16
0.9	10	143	143	0	<0.002	<0.002	1.56	0.017	<0.010	<0.002	<0.0002	<0.000 04	<0.05	2009.10.31
0.44	12.5	145	145	0	<0.002	<0.002	1.8	0.0016	<0.010	<0.002	<0.0002	<0.000 04	<0.05	2010.11.04
1.2	17.6	227.7	227.7	0	<0.001	<0.0008	0.55	<0.002	<0.005	<0.008	<0.008	<0.0005		2000.09.12
0.8	17.6	232.7	232.7	0	<0.001	<0.0008	0.63	<0.002	<0.005	<0.008	<0.008	<0.0005		2001.09.05
0.7	18	237.7	237.7	0	<0.001	<0.0008	0.62	<0.002	<0.005	<0.008	<0.008	<0.0005	0.06	2003.10.14
0.6	17.2	243.7	243.7	0	<0.001	<0.0008	0.55	<0.002	<0.005	<0.008	<0.008	<0.0005	0.1	2004.10.20
0.8	16.2	250.2	250.2	0	<0.001	<0.0008	0.44	<0.002	<0.005	<0.008	<0.008	<0.0005	0.08	2005.10.25
1.1	16.2	247.7	247.7	0	<0.001	<0.0008	0.48	<0.002	<0.005	<0.008	<0.008	<0.0005	0.06	2007.10.16
0.8	16.2	247.7	247.7	0	<0.001	<0.0008	0.49	<0.002	<0.005	<0.008	<0.008	<0.0005	0.18	2008.10.14
0.8	18.3	268	268	0	<0.002	<0.002	0.48	<0.0004	<0.010	<0.002	<0.0002	<0.000 04	0.085	2009.10.31
0.44	19.9	172	172	0	<0.002	<0.002	0.34	<0.0004	<0.010	<0.002	<0.0002	<0.000 04	0.073	2010.11.04
0.8	12.9	385.3	385.3	0	<0.001	<0.0008	0.98	<0.002	<0.005	<0.008	<0.008	<0.0005		2000.09.12
1.2	12.4	407.9	407.9	0	<0.001	<0.0008	1.23	<0.002	<0.005	<0.008	<0.008	<0.0005		2001.09.04
0.5	15.6	197.7	197.7	0	<0.001	<0.0008	1.07	<0.002	<0.005	<0.008	<0.008	<0.0005	0.06	2003.10.13
0.7	12	201.7	201.7	0	<0.001	<0.0008	0.95	<0.002	<0.005	<0.008	<0.008	<0.0005	0.1	2004.10.19
0.8	14.2	200.2	200.2	0	<0.001	<0.0008	0.91	<0.002	<0.005	<0.008	<0.008	<0.0005	0.08	2005.10.25
0.8	13.4	210.2	210.2	0	<0.001	<0.0008	0.83	<0.002	<0.005	<0.008	<0.008	<0.0005	0.04	2007.10.16
0.7	10.5	210.2	210.2	0	<0.001	<0.0008	0.93	<0.002	<0.005	<0.005	<0.005	<0.0005	<0.02	2008.10.16
0.7	15.7	219	219	0	<0.002	<0.002	0.84	<0.0004	<0.010	<0.002	<0.002	<0.000 04	<0.05	2010.10.31
2.1	15.2	267.7	267.7	0	<0.001	<0.0008	0.95	0.004	<0.005	<0.008	<0.008	<0.0005		2000.09.12
2	14.8	282.8	282.8	0	<0.001	<0.0008	1.07	0.003	<0.005	<0.008	<0.008	<0.0005		2001.09.04
0.9	14.8	302.8	302.8	0	<0.001	<0.0008	1.07	0.002	<0.005	<0.008	<0.008	<0.0005	0.1	2003.10.13
1	11.8	303.8	303.8	0	<0.001	<0.0008	0.98	0.002	<0.005	<0.008	<0.008	<0.0005	0.06	2004.10.20
1.5	12.2	299.3	299.3	0	<0.001	<0.0008	0.95	0.003	<0.005	<0.008	<0.008	<0.0005	<0.02	2005.10.26
0.9	15.1	320.3	320.3	0	<0.001	<0.0008	0.95	<0.002	<0.005	<0.008	<0.008	<0.0005	<0.02	2006.09.12
2.3	11.7	372.8	372.8	0	<0.001	<0.0008	0.89	0.004	<0.005	<0.008	<0.008	<0.0005	0.14	2007.10.17
1.9	9.7	387.8	387.8	0	<0.001	<0.0008	0.89	0.006	<0.005	<0.005	<0.005	<0.0005	0.22	2008.10.16
2.5	15.6	393	393	0	<0.002	<0.002	0.78	0.0037	<0.010	<0.002	<0.0002	<0.000 04	0.12	2009.10.31
1.61	18	386	386	0	<0.002	<0.002	0.66	0.000 78	<0.010	<0.002	<0.0002	<0.000 04	0.15	2010.11.04

续表

点号	年份	pH值	色度	浊度	臭和味	肉眼可见物	阳离子(mg/L)							阴离子(mg/L)						矿化度	溶解性固体
							钾离子	钠离子	钙离子	镁离子	氨氮	三价铁	二价铁	氯离子	硫酸根	重碳酸根	碳酸根	硝酸根	亚硝酸根		
GQ26	2000	7.4					58.5		75.2	45	0.02			51.4	44.7	414.9	0	50.5	0.003		536
	2001	7.7					60.2		71.1	29.8	<0.01			47.1	26.4	378.3	0	33.25	0.007		474
	2003	7.8					64.7		83.2	46.8	0.02	<0.080		54.9	40.8	466.8	0	47.5	0.004	805.4	572
	2004	7.7	5	2			59.3		90.2	26.1	<0.01	<0.080		42.5	33.6	402.7	0	43	0.013	701.4	500
	2005	7.6	<5.0	<1.0			52.6		66.1	32.8	<0.01	<0.080		40.8	33.6	363.1	0	30.22	0.004	613.6	432
	2006	7.7	<5.0	<1.0			46.4		70.1	31	<0.01	<0.080		37.2	31.2	353.9	0	35.17	0.007	625	448
	2007	7.4	8	1			53.2		65.1	35.2	0.04	<0.080		40.8	33.6	366.1	0	38.24	<0.003	619.1	436
	2008	7.3	5	<1.0		微量沉淀	69.6		71.1	32.8	<0.01	<0.080		42.5	38.4	360	0	85.18	0.154	690	510
	2009	8.13					1.55	95	39.2	31.1	0.44	<0.05		23.8	60	415	0	19.7	0.0043	676	468
	2010	7.61					1.64	94.1	39.6	31.6	0.44	<0.05		27.9	47.6	411	0	11.1	0.0069	684	478
32	2000	7.7					96.1		53.1	25.5	0.02			37.2	83.1	375.3	0	<2.50	<0.003		494
	2004	8.3	5	<1.0			97.1		49.1	26.7	0.04	0.104		37.2	69.6	375.3	6	<2.50	<0.003	673.7	486
	2010	8.34					1.24	184	21.9	26.5	0.058	0.064		86.8	120	346	23.8	10.9	<0.002	838	665
GQ25	2000	7.8					135.7		28.1	17.6	0.06			58.5	81.7	323.4	0	6.25	0.044		480
	2001	7.7					155.7		20	12.2	<0.01			69.8	98.5	289.8	0	<2.50	0.007		494
	2003	8.1					123		32.1	19.4	0.06	<0.080		51.4	74.4	328.9	4.8	<2.50	0.093	676.5	512
	2004	7.9	5	<1.0		微量沉淀	129.1		43.1	17.4	0.02	<0.080		49.6	78.3	366.1	0	7	0.117	673.1	490
	2005	8	<5.0	<1.0			119.8		33.1	21.9	<0.01	<0.080		47.9	76.8	341.7	0	6.69	0.052	636.9	466
	2006	7.7	<5.0	<1.0			120.2		29.1	24.3	<0.01	<0.080		54.9	74.4	332.5	0	7.75	0.046	656.3	490
	2007	7.9	5	<1.0			156.7		27.1	4.3	0.06	<0.080		70.9	93.7	274.6	0	3.97	0.013	613.3	476
	2008	7.5	<5.0	<1.0			122.4		30.1	23.7	0.02	<0.080		56.7	72	341.7	0	4.09	0.234	672.9	502
	2009	7.73					1.05	118	42.3	38.1	<0.02	<0.05		34.6	72.6	440	0	13.4	0.012	775	555
	2010	8.4					0.91	151	17.1	16.4	0.046	<0.05		59.8	74.2	297	20.4	4.48	<0.002	651	502
51-1	2001	7.8					86.8		67.1	38.3	0.12			63.8	112.9	372.2	0	<2.25	1.518		556
98	2001	7.7					233.9		41.1	66.8	0.02			132.9	271.4	500.3	0	7.5	0.007		1034
	2003	7.6					229.8		47.1	64.4	0.02	<0.08		128	257	521.7	0	8.25	0.008	1288.9	1028
A18-1	2001	7.8					97.4		41.1	35.8	0.28			39	84.1	390.5	0	<2.50	0.006		508
26-1	2001	7.8					101.2		48.1	20.7	<0.01			37.2	62.4	375.3	0	<2.50	0.009		490
	2003	7.8					103.5		48.1	22.5	0.1	0.096		38.3	69.6	380.1	0	<2.50	0.004	686.1	496
	2005	7.6	<5.0	<1.0			104.3		52.1	20.7	0.1	0.162		40.8	79.2	369.2	0	<2.50	<0.003	672.6	488
	2010	8.24					1.27	127	38.7	27.2	0.12	0.12		53.9	98	346	20.4	0.05	<0.002	727	554
116	2001	7.8					264.5		59.1	41.9	<0.01			115.2	269	552.2	0	<2.50	0.016		1040
	2003	7.8					272.3		54.1	49.2	0.1	0.096		126.9	278.6	562.6	0	<2.50	0.012	1363.3	1082

COD	可溶性 SiO_2	硬度(以碳酸钙计,mg/L)			毒理学指标,mg/L									取样时间
		总硬	暂硬	永硬	挥发分	氰化物	氟离子	砷	六价铬	铅离子	镉离子	汞离子	锰离子	
0.6	19.5	372.8	340.3	32.5	<0.001	<0.0008	0.62	<0.002	0.024	<0.008	<0.008	<0.0005		2000.09.12
0.8	18.9	300.3	300.3	0	<0.001	<0.0008	0.68	<0.002	0.022	<0.008	<0.008	<0.0005		2001.09.05
0.5	19.2	400.4	382.8	17.6	<0.001	<0.0008	0.74	<0.002	0.023	<0.008	<0.008	<0.0005	<0.02	2003.10.14
0.7	14.2	332.8	330.3	2.5	<0.001	<0.0008	0.65	<0.002	0.031	<0.008	<0.008	<0.0005	<0.02	2004.10.19
1.1	16.1	300.3	297.8	2.5	<0.001	<0.0008	0.59	<0.002	0.033	<0.008	<0.008	<0.0005	<0.02	2005.10.25
1.1	17.7	302.8	290.3	12.5	<0.001	<0.0008	0.6	<0.002	0.04	<0.008	<0.008	<0.0005	<0.02	2006.09.13
0.9	15.6	307.8	300.3	7.5	<0.001	<0.0008	0.55	<0.002	0.028	<0.008	<0.008	<0.0005	<0.02	2007.10.16
1.9	18.3	312.8	295.3	17.5	<0.001	<0.0008	0.62	<0.002	0.034	<0.005	<0.005	<0.0005	<0.02	2008.10.14
0.6	21.8	226	226	0	<0.002	<0.002	0.52	0.0034	0.034	<0.002	<0.0002	<0.000 04	<0.05	2009.10.13
0.28	23.6	229	226	0	<0.002	<0.002	0.5	0.0027	0.041	<0.002	<0.0002	<0.000 04	<0.05	2010.11.04
0.8	18.4	237.7	237.7	0	<0.001	<0.0008	0.5	0.005	<0.005	<0.008	<0.008	<0.0005		2000.09.12
0.4	14.2	232.7	232.7	0	<0.001	<0.0008	0.54	<0.002	<0.005	<0.008	<0.008	<0.0005	0.14	2004.10.20
0.32	15.5	164	164	0	<0.002	<0.002	0.98	0.000 36	0.028	<0.002	<0.0002	<0.000 04	<0.05	2010.11.04
0.5	15.7	142.6	142.6	0	<0.001	<0.0008	0.93	0.011	0.014	<0.008	<0.008	<0.0005		2000.11.07
1	13.9	100.1	100.1	0	<0.001	<0.0008	1.51	0.02	<0.005	<0.008	<0.008	<0.0005		2001.09.05
0.6	15.2	160.1	160.1	0	<0.001	<0.0008	1.05	0.008	0.014	<0.008	<0.008	<0.0005	0.02	2003.10.14
0.6	11.8	179.2	179.2	0	<0.001	<0.0008	0.93	0.01	<0.005	<0.008	<0.008	<0.0005	0.08	2004.10.19
0.9	14.7	172.7	172.7	0	<0.001	<0.0008	0.89	0.11	0.024	<0.008	<0.008	<0.0005	<0.02	2005.10.25
1	14.9	172.7	172.7	0	<0.001	<0.0008	0.87	0.004	0.027	<0.008	<0.008	<0.0005	<0.02	2006.09.13
1.1	11.9	85.1	85.1	0	<0.001	<0.0008	1.2	0.018	0.006	<0.008	<0.008	<0.0005	<0.02	2007.10.16
1.3	13.6	172.7	172.7	0	<0.001	<0.0008	0.93	0.002	0.014	<0.008	<0.008	<0.0005	<0.02	2008.10.14
0.7	17	263	263	0	<0.002	<0.002	0.66	0.0056	<0.010	<0.002	<0.0002	<0.000 04	<0.05	2009.10.31
0.36	16.1	110	110	0	<0.002	<0.002	1.04	0.0027	0.013	<0.002	<0.0002	<0.000 04	<0.05	2010.11.04
2.4	13.1	325.3	305.3	20	<0.001	<0.0008	0.68	<0.002	<0.005	<0.008	<0.008	<0.0005		2001.09.04
1.3	13.4	377.8	377.8	0	<0.001	<0.0008	1.32	<0.002	<0.005	<0.008	<0.008	<0.0005		2001.09.04
0.8	14	382.8	382.8	0	<0.001	<0.0008	1.26	<0.002	<0.005	<0.008	<0.008	<0.0005	0.08	2003.10.13
1.6	15.9	250.2	250.2	0	<0.001	0.0012	1.12	<0.002	<0.005	<0.008	<0.008	<0.0005		2001.09.04
1.4	17.1	207.7	207.7	0	<0.001	<0.0008	0.74	<0.002	<0.005	<0.008	<0.008	<0.0005		2001.09.04
0.5	17.4	212.7	212.7	0	<0.001	<0.0008	0.78	<0.002	<0.005	<0.008	<0.008	<0.0005	0.1	2003.10.13
0.9	14.7	215.2	215.2	0	<0.001	<0.0008	0.63	0.002	<0.005	<0.008	<0.008	<0.0005	0.1	2005.10.26
0.36	19	209	209	0	<0.002	<0.002	0.79	0.00063	<0.010	<0.002	<0.0002	<0.000 04	0.08	2010.11.04
1.1	14.6	320.3	320.3	0	<0.001	<0.0008	1.02	0.006	<0.005	<0.008	<0.008	<0.0005		2001.09.04
0.8	14.5	337.8	337.8	0	<0.001	<0.0008	1.02	0.006	<0.005	<0.008	<0.008	<0.0005	0.06	2003.10.13

续表

点号	年份	pH值	色度	浊度	臭和味	肉眼可见物	阳离子(mg/L)							阴离子(mg/L)						矿化度	溶解性固体
							钾离子	钠离子	钙离子	镁离子	氨氮	三价铁	二价铁	氯离子	硫酸根	重碳酸根	碳酸根	硝酸根	亚硝酸根		
32-1	2001	7.7					76.3		48.1	44.4	0.08			41.5	96.1	378.3	0	<2.50	0.006		496
	2003	7.8					98		60.1	21	0.08	0.096		36.2	80.7	384.4	0	<2.50	0.003	690.2	498
	2005	7.6	<5.0	<1.0			119.1		32.1	23.1	0.04	<0.080		60.3	92.7	308.1	0	<2.50	0.01	626.1	472
	2006	7.6	5	2			105.2		44.1	25.5	<0.01	0.477		39	81.7	372.2	0	<2.50	0.005	694.1	508
	2007	8	5	<1.0			116.1		39.1	20.7	0.02	<0.080		53.2	100.9	311.2	0	<2.50	0.004	653.6	498
	2008	8.1	5	<1.0			111.5		40.1	18.2	0.08	<0.080		54.9	86.5	299	3	<2.50	0.006	629.5	480
84	2000	8.1					140.7		12	4.9	0.01			58.5	73	216.6	12	<2.50	<0.003		422
	2001	7.9					146		13	4.3	0.08			63.8	76.8	241	0	<2.50	0.036		432
	2003	8.1					138.8		15	3.3	0.02	<0.080		61.3	68.2	225.8	6	<2.50	0.3	534.9	422
	2004	8.1	5	<1.0			142.9		15	3.6	<0.01	<0.080		60.3	66.3	250.2	0	<2.50	<0.003	543.1	418
	2005	8	<5.0	<1.0			136.9		14	5.2	<0.01	<0.080		58.5	71.1	241	0	<2.50	<0.003	524.5	404
	2006	7.6	5	<1.0			133.4		13	6.1	<0.01	<0.080		60.3	69.6	231.9	0	<2.50	<0.003	522	406
	2007	8.2	5	<1.0			139		13	7.9	0.1	<0.080		56.7	81.7	234.9	6	<2.50	<0.003	563.5	446
	2008	7.9	5	<1.0			136.8		16	4.3	0.02	<0.080		58.5	69.6	244.1	0	<2.50	0.004	556.1	434
	2009	8.41					0.64	148	10	5.48	<0.02	<0.05		61.7	65.8	259	1.55	8.32	<0.003	569	439
84-1	2010	7.94					2.22	4	30.4	4.1	0.19	<0.05		7.1	19.5	80	0	5.38	<0.002	163	123
268	2006	7.6	<5.0	<1.0			223.5		39.1	46.8	<0.01	<0.080		81.5	156.1	582.7	0	25.78	<0.003	1123	832
26-2	2007	8	5	<1.0			132		51.1	19.4	0.06	0.149		54.9	112.9	366.1	0	<2.50	<0.003	775.1	592
	2008	7.8	10	2		微量沉淀	101.7		44.1	23.7	0.08	1.358		35.5	79.2	366.1	0	<2.50	0.027	681.1	498
	2009	7.84					1.27	136	39.6	28.4	<0.02	<0.05		56.5	101	407	0	1.13	<0.003	748	544
A6	2010	7.79					1.39	92	44.8	36.1	0.29	0.088		42.3	78.1	405	0	0.3	0.0059	714	511
463	2001	7.8					100.7		49.1	18.8	0.04			40.8	67.2	355.7	0	<2.50	<0.003		472
	2003	7.8					100.3		45.1	23.1	0.08	0.096		40.8	75.4	353.9	0	<2.50	0.004	669	492
C4	2001	7.8					84.5		35.1	7.3	0.14			29.4	52.8	250.2	0	<2.50	0.027		330
	2003	7.8					89.7		49.1	23.7	0.08	0.48		41.8	74.4	341.7	0	<2.50	0.076	640.9	470
	2010	8.12					0.87	73.8	31.6	10.8	0.28	<0.05		29.3	41.3	239	8.6	0.46	<0.002	445	325
522	2001	7.6					301.6		83.2	70.5	2.8			242.8	204.1	732.2	0	2.75	3.3		1300
41-2	2009	7.8					1.63	159	40.2	63.3	0.14	<0.05		60.7	145	574	0	1.02	<0.003	1048	761
19-1	2009	7.72					1.41	157	39.2	48.9	<0.02	<0.05		40.6	137	546	0	1.12	<0.003	987	714
46-1	2009	7.97					1.25	114	43.9	31.5	0.13	0.075		42.7	88.9	412	0	1.13	<0.003	732	526
	2010	8.17					1.88	86	45.8	29.9	0.22	0.044		42.6	71.2	311	20.4	2.3	<0.002	619	463
32-2	2009	7.79					1.37	107	47	31.1	0.11	0.064		26.4	76.5	421	0	1.02	<0.003	742	531

COD	可溶性 SiO_2	硬度(以碳酸钙计,mg/L)			毒理学指标,mg/L									取样时间
		总硬	暂硬	永硬	挥发分	氰化物	氟离子	砷	六价铬	铅离子	镉离子	汞离子	锰离子	
0.7	17	252.7	252.7	0	<0.001	<0.0008	0.58	<0.002	<0.005	<0.008	<0.008	<0.0005		2001.09.04
0.5	17.5	236.7	236.7	0	<0.001	<0.0008	0.62	<0.002	<0.005	<0.008	<0.008	<0.0005	0.1	2003.10.14
0.8	13.8	175.2	175.2	0	<0.001	<0.0008	0.79	0.003	<0.005	<0.008	<0.008	<0.0005	0.04	2005.10.26
1	17.1	215.2	215.2	0	<0.001	<0.0008	0.72	<0.002	<0.005	<0.008	<0.008	<0.0005	0.08	2006.09.12
0.9	13.8	182.7	182.7	0	<0.001	<0.0008	0.71	0.002	<0.005	<0.008	<0.008	<0.0005	0.08	2007.10.17
0.9	12.4	175.2	175.2	0	<0.001	<0.0008	0.76	<0.002	<0.005	<0.005	<0.005	<0.0005	0.1	2008.10.16
0.7	13	50	50	0	<0.001	<0.0008		0.042	<0.005	<0.008	<0.008	<0.0005		2000.09.12
0.9	13.6	50	50	0	<0.001	<0.0008	1.78	0.032	<0.005	<0.008	<0.008	<0.0005		2001.09.04
0.5	13.2	51	51	0	<0.001	<0.0008	1.66	<0.002	<0.005	<0.008	<0.008	<0.0005	<0.02	2003.10.13
0.7	10.5	52.5	52.5	0	<0.001	<0.0008	1.62	0.033	<0.005	<0.008	<0.008	<0.0005	<0.02	2004.10.20
0.8	11.1	56.6	56.6	0	<0.001	<0.0008	1.51	0.022	<0.005	<0.008	<0.008	<0.0005	<0.02	2005.10.26
1.2	13.5	57.6	57.6	0	<0.001	<0.0008	1.51	0.03	<0.005	<0.008	<0.008	<0.0005	<0.02	2006.09.12
1.3	11.1	65.1	65.1	0	<0.001	<0.0008	1.38	0.034	<0.005	<0.008	<0.008	<0.0005	<0.02	2007.10.17
0.7	8.7	57.6	57.6	0	<0.001	<0.0008	1.48	0.041	<0.005	<0.005	<0.005	<0.0005	<0.02	2008.10.16
0.8	14	47.5	47.5	0	<0.002	<0.002	1.5	0.045	<0.010	<0.002	<0.0002	<0.000 04	<0.05	2009.10.31
1.33	7.1	92.8	80	12.8	<0.002	<0.002	0.1	0.000 87	<0.010	<0.002	<0.0002	<0.000 04	<0.05	2010.11.04
1.1	15.8	290.3	290.3	0	<0.001	<0.0008	0.95	<0.002	0.067	<0.008	<0.008	<0.0005	<0.02	2006.09.13
1	14.7	207.7	207.7	0	<0.001	<0.0008	0.83	<0.002	<0.005	<0.008	<0.008	<0.0005	0.1	2007.10.17
1.8	8.8	207.7	207.7	0	<0.001	<0.0008	0.95	<0.002	<0.005	<0.008	<0.008	<0.0005	0.6	2008.10.14
0.5	16.7	216	299	0	<0.002	<0.002	0.82	<0.0004	<0.010	<0.002	<0.0002	<0.000 04	<0.05	2009.10.31
1.33	17.6	261	261	0	<0.002	<0.002	0.64	0.00058	<0.01	<0.002	<0.0002	<0.000 04	0.11	2010.11.04
0.9	17.7	200.2	200.2	0	<0.001	<0.0008	0.65	<0.002	<0.005	<0.008	<0.008	<0.0005		2001.09.04
0.6	17.2	207.7	207.7	0	<0.001	<0.0008	0.68	<0.002	<0.005	<0.008	<0.008	<0.0005	0.12	2003.10.14
0.7	16	117.6	117.6	0	<0.001	<0.0008	0.56	0.003	<0.005	<0.008	<0.008	<0.0005		2001.09.04
2	20	220.2	220.2	0	<0.001	<0.0008	1	<0.002	<0.005	<0.008	<0.008	<0.0005	0.1	2003.10.13
0.44	18.6	123	123	0	<0.002	<0.002	0.38	0.0012	<0.010	<0.002	<0.0002	<0.000 04	0.09	2010.11.04
3.5	16.3	497.9	497.9	0	<0.001	0.0012	1.29	<0.002	<0.005	<0.008	<0.008	<0.0005		2001.09.04
1	13.3	361	361	0	<0.002	<0.002	1.1	0.00073	<0.010	<0.002	<0.0002	<0.000 04	0.11	2009.10.31
0.65	21.8	299	299	0	<0.002	<0.002	0.98	<0.0004	<0.010	<0.002	<0.0002	<0.000 04	<0.05	2009.10.31
0.7	18.4	239	239	0	<0.002	<0.002	0.64	<0.0004	<0.010	<0.002	<0.0002	<0.000 04	0.064	2009.10.31
0.92	15	238	238	0	<0.002	<0.002	0.54	0.0053	<0.010	<0.002	<0.0002	<0.000 04	<0.05	2010.11.04
0.8	18	245	245	0	<0.002	<0.002	0.52	0.00062	<0.010	<0.002	<0.0002	<0.000 04	0.058	2009.10.31

第三章 宝 鸡 市

一、宝鸡市地下水质监测点基本信息

宝鸡市地下水质监测点基本信息表

序号	点号	位置	地下水类型	页码
1	Z1	宝鸡市凤翔彪角郝家三队	潜水	
2	GQ16	宝鸡市眉县齐镇	潜水	
3	111	宝鸡市铁路第一中	承压水	
4	大50	宝鸡市西北木材一级站北	潜水	
5	B9	宝鸡市木材加工厂	承压水	
6	232	宝鸡市自来水公司	承压水	
7	48	宝鸡市氮肥厂	承压水	
8	277	宝鸡市油毡厂	承压水	
9	225	宝鸡市文理学院	承压水	
10	169	宝鸡市小五金厂	承压水	
11	261	宝鸡市48号信箱	承压水	
12	15	宝鸡市发电厂	承压水	
13	80	宝鸡市下马营	承压水	
14	267	宝鸡市应用化工厂	承压水	
15	266	宝鸡市"七一"木材加工厂	承压水	
16	73	宝鸡市红旗路西	承压水	
17	A	宝鸡相家庄一组	承压水	
18	B	宝鸡相家庄三组(社区)	承压水	
19	203	宝鸡市原水利机械厂	承压水	
20	263	宝鸡市水泵厂	承压水	
21	216	宝鸡市火车站	承压水	
22	139	宝鸡市38号信箱	承压水	
23	163	宝鸡市食品厂	承压水	
24	37	宝鸡中学	承压水	

二、宝鸡市地下水质资料

宝鸡市地下水质资料表

点号	年份	pH值	色度	浊度	臭和味	肉眼可见物	阳离子(mg/L) 钾离子	钠离子	钙离子	镁离子	氨氮	三价铁	二价铁	阴离子(mg/L) 氯离子	硫酸根	重碳酸根	碳酸根	硝酸根	亚硝酸根	矿化度	溶解性固体
Z1	2000	7.3					50.1		100.2	39.5	<0.01			62	24	430.2	0	70	0.024		552
	2001	8.1					24.2		94.2	47.4	0.04			27.7	27.9	405.8	15	71	0.035		508
	2002	7.5					27		89.2	48.6	<0.01	<0.08		26.6	31.2	433.2	0	69.5	0.027		516
	2003	7.2					34.2		96.2	40.7	0.02	<0.08		24.8	38.4	419.8	0	78	0.043	733.9	524
	2004	7.3	5	20		微量沉淀	31.3		111.2	35.5	0.02	<0.08		23	38.4	442.4	0	70	0.092	777.2	556
	2005	7.3	<5.0	1			39.5		117.2	45.6	<0.01	<0.08		44.3	33.6	448.5	0	125	0.042	842.3	618
	2006	7	<5.1	<1.0			35.3		110.2	48.6	<0.01	<0.08		51.4	27.9	421	0	130.55	0.01	832.5	622
	2007	7.4	5	<1.0			37.9		112.2	50.4	<0.01	<0.08		47.9	31.2	424.1	0	151.77	<0.003	832.1	620
	2008	7.6	5	<1.0			34.2		114.2	45	0.02	<0.08		51.4	19.2	424.1	0	129.59	0.046	808.1	596
	2009	7.81					37.2	0.75	98.6	44.2	0.066	0.11		33.4	26.6	405	0	121	0.012		606
	2010	7.4					42.9	0.91	137	59.7	0.22	0.14		78.7	38.1	645	0	18.1	0.006	984.5	662
GQ16	2000	7					8.6		73.1	9.1	<0.01			5.3	21.6	225.8	0	29.25	0.006		270
	2001	7.3					10.7		78.2	8.5	<0.01			7.1	25.5	225.8	0	39.5	0.016		306
	2002	7.1					13.7		69.1	12.8	<0.01	<0.08		10.6	26.4	216.6	0	43	0.016		316
	2003	7.1					13.5		79.2	9.1	0.02	<0.08		11.7	28.8	222.7	0	44	0.007	415.4	304
	2004	7.3	<5.0	<1.0			10.4		93.2	1.6	<0.01	<0.08		10.6	27.9	207.5	0	59	<0.003	437.8	334
	2005	6.8	<5.0	<1.0			15.4		98.2	7.9	<0.01	<0.08		17.7	40.8	207.5	0	91	0.01	471.8	368
	2006	7.3	15	2			5.4		86.2	6.1	<0.01	0.346		8.9	35.5	186.1	0	62.9	0.021	401.1	308
	2007	7.3	5	<1.0			24.5		101.2	11.5	<0.01	<0.08		16	45.6	231.9	0	115.7	<0.003	546	430
	2008	7	5	<1.0			7.6		101.2	6.7	0.02	<0.08		14.2	40.8	201.4	0	85.79	<0.003	484.7	384
	2009	7					13.9	2.39	106	15.2	0.1	<0.05		17.1	50	245	0	82.6	<0.003		442
	2010	7.1					12.4	2.88	105	15.7	0.15	<0.05		17.3	47.3	254	0	93.3	<0.003	533	406
111	2000	7.3					80.9		124.2	23.7	<0.01			69.1	127.3	369.2	0	63	0.01		700
	2001	7.5					75.5		122.2	31	<0.01			81.5	138.3	323.4	0	90	0.013		686
	2002	7.3					92.1		130.3	27.3	0.08	<0.08		79.1	139.3	396.6	0	70	0.021		740
	2003	7.3					78.5		155.3	37.7	0.02	<0.08		84.4	141.7	451.5	0	95	0.007	1073.8	848
	2004	7.2	5	<1.0			74.1		171.9	36.1	0.02	<0.08		88.6	144.1	463.7	0	103.75	0.007	1077.9	846
	2005	7.5	<5.0	<1.0			59.8		108.2	31	<0.01	0.152		53.2	91.3	387.5	0	50	0.044	815.8	622
	2007	7.5	5	<1.0			76.8		126.3	26.1	0.01	<0.08		72.7	115.3	378.3	0	70.63	0.016	881.2	692
	2008	7.3	5	<1.0			69.1		128.3	21.9	0.01	<0.08		67.4	96.1	390.5	0	56.08	<0.003	883.3	688
	2009	7.46					87.5	2.66	125	29.7	0.093	<0.05		61.5	125	412	0	77	<0.003		771
	2010	7.8					105	3.27	124	27.3	0.26	<0.05		67.2	157	428	0	65.2	0.009	950	736

COD	可溶性 SiO_2	硬度(以碳酸钙计,mg/L)			毒理学指标,mg/L									取样时间
		总硬	暂硬	永硬	挥发分	氰化物	氟离子	砷	六价铬	铅离子	镉离子	汞离子	锰离子	
2.3	20.4	412.9	352.8	60.1	<0.001	<0.0008	0.47	0.002	0.02	<0.008	<0.008	<0.0005		2000.09.05
0.7	20.4	430.4	332.8	97.6	<0.001	<0.0008	0.47	<0.002	0.02	<0.008	<0.008	<0.0005		2001.08.29
0.9	21.8	422.9	355.3	67.6	0.001	<0.0008	0.39	<0.002	0.014	<0.008	<0.008	<0.0005	0.22	2002.08.27
2.7	19.2	407.9	344.3	63.6	<0.001	<0.0008	0.5	<0.002	0.015	<0.008	<0.008	<0.0005	<0.02	2003.09.24
1.4	19	423.9	362.8	61.1	<0.001	<0.0008	0.49	0.004	0.017	<0.008	<0.008	<0.0005	0.04	2004.08.18
1.1	18.8	480.4	367.8	112.6	<0.001	<0.0008	0.42	<0.002	0.031	<0.008	<0.008	<0.0005	<0.02	2005.10.09
1	19.6	475.4	345.3	130.1	<0.001	<0.0008	0.42	<0.002	0.031	<0.008	<0.008	<0.0005	<0.02	2006.08.29
1.2	15.5	487.9	347.8	140.1	<0.001	<0.0008	0.41	<0.002	0.022	<0.008	<0.008	0.0007	<0.02	2007.10.18
1	19.7	470.4	347.8	122.6	<0.001	<0.0008	0.44	<0.002	0.23	<0.005	<0.005	<0.0005	<0.02	2008.10.15
0.82	21	428	332	96	<0.002	<0.002	0.37	<0.0004	0.029	<0.002	<0.0002	<0.000 04	<0.05	2009.12.09
0.66	23.5	588	588	0	<0.002	<0.002	0.32	0.000 77	0.029	<0.002	<0.0002	<0.000 04	<0.05	2010.09.28
2.7	15.8	220.2	185.2	35	<0.001	<0.0008	0.24	0.002	0.012	<0.008	<0.008	<0.0005		2000.09.05
0.7	15.7	230.2	185.2	45	<0.001	<0.0008	0.19	<0.002	<0.005	<0.008	<0.008	<0.0005		2001.08.29
1	15.8	225.2	177.7	47.5	0.001	<0.0008	0.19	<0.002	<0.005	<0.008	<0.008	<0.0005	0.1	2002.08.27
0.8	16	235.2	182.7	52.5	<0.001	0.0009	0.22	<0.002	<0.005	<0.008	<0.008	<0.0005	<0.02	2003.09.24
1.4	13	239.2	170.2	69	<0.001	<0.0008	0.19	<0.002	<0.005	<0.008	<0.008	<0.0005	<0.02	2004.08.18
2.2	12.8	277.7	170.2	107.5	<0.001	<0.0008	0.15	<0.002	0.019	<0.008	<0.008	<0.0005	<0.02	2005.10.09
1.2	14.5	240.2	152.6	87.6	<0.001	<0.0008	0.15	<0.002	<0.005	<0.008	<0.008	<0.0005	<0.02	2006.08.29
1	12.2	300.3	190.2	110.1	<0.001	<0.0008	0.17	<0.002	<0.005	<0.008	<0.008	<0.0005	<0.02	2007.10.18
1.4	16	280.3	165.1	115.2	<0.001	<0.0008	0.24	<0.002	<0.005	<0.005	<0.005	<0.0005	<0.02	2008.10.15
0.66	14.7	327	201	126	<0.002	<0.002	0.15	<0.0004	<0.01	<0.002	<0.0002	<0.000 04	<0.05	2009.12.09
0.58	15.1	327	208	119	<0.002	<0.002	<0.1	<0.0004	<0.01	<0.002	<0.0002	<0.000 04	<0.05	2010.09.28
1.3	21.9	407.9	302.8	105.1	<0.001	<0.0008	1.38	0.002	0.012	<0.008	<0.008	<0.0005		2000.09.05
1.7	20.3	432.9	265.2	167.7	<0.001	<0.0008	0.69	<0.002	0.014	<0.008	<0.008	<0.0005		2001.08.29
0.7	22.4	437.9	325.3	112.6	<0.001	<0.0008	0.89	<0.002	0.012	<0.008	<0.008	<0.0005	<0.02	2002.08.27
0.9	19.5	543	370.3	172.7	<0.001	<0.0008	0.55	<0.002	<0.009	<0.008	<0.008	<0.0005	0.04	2003.09.24
0.5	16.5	578	380.3	197.7	<0.001	<0.0008	0.38	<0.002	0.014	<0.008	<0.008	<0.0005	<0.02	2004.09.02
1	16.8	397.9	317.8	80.1	<0.001	<0.0008	0.45	<0.002	<0.005	<0.008	<0.008	<0.0005	<0.02	2005.10.09
0.8	16.3	422.9	310.3	112.6	<0.001	<0.0008	0.38	<0.002	<0.005	<0.008	<0.008	<0.0005	<0.02	2007.10.18
0.8	18.5	410.4	320.3	90.1	<0.001	<0.0008	0.58	<0.002	0.011	<0.005	<0.005	<0.0005	<0.02	2008.10.15
0.74	20.4	434	338	96	<0.002	<0.002	0.72	<0.0004	<0.01	<0.002	<0.0002	<0.000 04	<0.05	2009.12.09
0.58	21.1	422	351	71	<0.002	<0.002	0.69	0.000 51	<0.01	<0.002	<0.0002	<0.000 04	<0.05	2010.09.28

续表

点号	年份	pH值	色度	浊度	臭和味	肉眼可见物	阳离子(mg/L) 钾离子	钠离子	钙离子	镁离子	氨氮	三价铁	二价铁	阴离子(mg/L) 氯离子	硫酸根	重碳酸根	碳酸根	硝酸根	亚硝酸根	矿化度	溶解性固体
大 50	2000	7.5					68.7		93.2	24.9	1.3			56.7	91.3	381.4	0	<2.5	0.356		558
	2001	7.7					49.4		108.2	31	0.38			54.9	143.1	305.1	0	36.5	<0.003		594
	2002	7.3					71.5		132.3	37.1	1.2	<0.08		56.7	112.9	482	0	53	0.916		750
	2003	7.5					50.1		99.2	9.1	0.36	0.08		53.2	129.7	177	0	48.5	0.85	568.5	480
	2004	7.7	<5.0	<1.0			58.2		148.3	40.7	1.4	<0.08		67.4	182.5	405.8	0	62.5	0.056	1000.9	798
	2005	7.5	5	2			64.9		206.4	47.2	4.5	<0.08		200.3	157.8	445.4	0	39.5	0.218	1194.7	972
	2006	7	<5.1	<1.0			79.3		190.4	46.2	7.5	<0.08		163.1	211.3	433.2	0	64.47	1.103	1194.6	978
	2007	7.5	5	<1.0			77.9		205.4	42.5	<0.01	<0.08		207.4	189.7	360	0	83.53	4.103	1230	1050
	2008	7.1	8	2		微量沉淀	81.9		250.5	8.5	3	<0.08		195	93.7	472.9	0	106.55	0.315	1210.5	974
	2009	7.26					86.8	5.12	252	51.7	4.17	0.053		246	197	486	0	83.7	0.29		1250
	2010	7.9					112	4.18	181	46.7	0.083	0.053		246	197	344	0	83.7	0.005	1127	955
B9	2004	7.4	<5.0	<1.0			22.5		102.6	21	<0.01	<0.08		44.3	79.2	228.8	0	73	0.012	614.4	500
	2005	7.1	<5.0	<1.0			39		92.2	23.1	<0.01	<0.08		44.3	80.2	247.1	0	76	<0.003	607.6	484
	2006	7.3	<5.0	<1.0			28.3		94.2	24.3	<0.01	0.096		42.5	69.6	247.1	0	76.54	0.007	627.6	504
	2007	7.6	5	<1.0			45.2		97.2	20.7	<0.01	<0.08		53.2	72	265.4	0	72.36	<0.003	628.7	496
	2008	7.5	5	<1.0			44.3		87.2	23.1	0.02	<0.08		47.9	79.2	250.2	0	66.65	<0.003	610.1	485
	2009	7.48					34.4	2.47	111	27.8	<0.02	<0.05		32.8	85.5	280	0	100	<0.003		575
	2010	7.7					49.5	2.83	117	29	0.13	<0.05		49.4	108	306	0	120	0.007	743	590
232	2004	7.4	<5.0	<1.0			18.2		97.8	13.2	<0.01	<0.08		10.6	21.1	338.6	0	29.25	0.004	565.3	396
	2005	7.3	<5.0	<1.0			18.9		90.2	19.4	<0.01	<0.08		8.9	26.4	341.7	0	32.25	<0.003	536.9	280.3
	2006	7.7	<5.0	<1.0			20.3		84.2	18.8	<0.01	<0.08		12.4	36	302	0	36.01	0.005	529	378
	2007	7.5	5	<1.0			23.4		90.2	18.8	<0.01	<0.08		8.9	43.2	323.4	0	38.22	0.003	547.7	386
	2008	7.3	5	<1.0			17.8		95.2	18.2	0.02	<0.08		7.1	38.4	329.5	0	38.89	<0.003	548.8	384
	2009	7.51					21.7	2.42	94.3	22.2	0.026	<0.05		8.3	45.5	354	0	42.2	<0.003		443
	2010	7.6					19.8	2.31	92	20.5	0.13	<0.05		6.79	56.1	334	0	41	<0.003	545	378
48	2000	7.4					49.5		99.2	18.8	<0.01			42.5	81.7	320.3	0	31	0.004		488
	2001	7.6					61.8		117.2	25.5	<0.01			69.8	128.7	311.2	0	55	0.019		604
	2002	7.7					52.3		83.2	25.5	0.76	0.544		63.8	103.3	280.7	0	2.75	0.084		502
	2003	7.7					59.8		93.2	25.5	0.02	<0.08		68.1	122.5	255.1	0	43.5	0.004	665.6	538
	2004	8.1	<5.0	<1.0			60		123.8	18.5	0.02	<0.08		74.4	120.1	289.8	0	59.5	0.005	748.9	604
	2005	7.4	<5.0	<1.0			57.3		119.2	25.5	<0.01	<0.08		70.9	124.9	317.3	0	46	<0.003	744.7	586
	2007	7.5	5	<1.0			44.1		110.2	23.7	<0.01	<0.08		44.3	115.3	286.8	0	63.05	0.005	671.4	528
	2008	7.4	5	<1.0		少量沉淀	61.2		134.3	18.8	0.02	<0.08		49.6	110.5	323.4	0	118.37	0.072	829.7	668
	2009	7.49					34.6	2.26	125	28.6	0.051	0.084		26.9	101	357	0	65.1	<0.003		607
	2010	7.49					41.4	3.02	114	26.7	0.13	0.084		47.5	104	322	0	67.6	<0.003	768	607

COD	可溶性 SiO_2	硬度(以碳酸钙计,mg/L)			毒理学指标,mg/L									取样时间
		总硬	暂硬	永硬	挥发分	氰化物	氟离子	砷	六价铬	铅离子	镉离子	汞离子	锰离子	
17.2	19.7	335.3	312.8	22.5	＜0.001	＜0.0008	0.87	0.004	0.022	＜0.008	＜0.008	＜0.0005		2000.09.05
3.9	16.3	397.9	250.2	147.7	＜0.001	＜0.0008	0.81	＜0.002	＜0.005	＜0.008	＜0.008	＜0.0005		2001.08.29
2	19.3	477.9	395.4	82.5	0.001	＜0.0008	0.44	＜0.002	＜0.005	＜0.008	＜0.008	＜0.0005	＜0.02	2002.08.27
6.3	11.2	285.3	145.1	140.2	＜0.001	0.0022	0.65	＜0.002	＜0.005	＜0.008	＜0.008	＜0.0005	＜0.02	2003.09.24
1.5	16.3	538	332.8	205.2	＜0.001	＜0.0008	0.46	＜0.002	＜0.005	＜0.008	＜0.008	＜0.0005	＜0.02	2004.08.18
1.2	17.5	709.6	365.3	344.3	＜0.001	＜0.0008	0.6	＜0.002	＜0.005	＜0.008	＜0.008	＜0.0005	＜0.02	2005.10.09
0.8	18.2	665.6	355.3	310.3	＜0.001	＜0.0008	0.52	＜0.002	＜0.005	＜0.008	＜0.008	＜0.0005	＜0.02	2006.08.29
1.6	18.6	688.1	295.3	392.8	＜0.001	＜0.0008	0.52	＜0.002	＜0.005	＜0.008	＜0.008	＜0.0005	＜0.02	2007.10.18
0.5	20	660.6	387.8	272.8	＜0.001	＜0.0008	0.54	＜0.002	＜0.005	＜0.005	＜0.005	＜0.0005	＜0.02	2008.10.15
0.66	20.2	842	399	443	＜0.002	＜0.002	0.4	＜0.0004	＜0.01	＜0.002	＜0.0002	＜0.000 04	＜0.05	2009.12.09
0.58	21.9	644	282	362	＜0.002	＜0.002	0.4	0.000 77	0.016	＜0.002	＜0.0002	＜0.000 04	＜0.05	2010.09.28
1.2	23.6	342.8	187.7	155.1	＜0.001	＜0.0008	0.34	＜0.002	＜0.005	＜0.008	＜0.008	＜0.0005	＜0.02	2004.08.18
0.8	20.8	325.3	202.7	122.6	＜0.001	＜0.0008	0.27	＜0.002	＜0.005	＜0.008	＜0.008	＜0.0005	＜0.02	2005.10.09
1	23.6	335.3	202.7	132.6	＜0.001	＜0.0008	0.31	＜0.002	＜0.005	＜0.008	＜0.008	＜0.0005	＜0.02	2006.08.29
1	20.4	327.8	217.7	110.1	＜0.001	＜0.0008	0.38	＜0.002	＜0.005	＜0.008	＜0.008	＜0.0005	＜0.02	2007.10.18
0.9	20	312.8	205.2	107.6	＜0.001	＜0.0008	0.42	＜0.002	＜0.005	＜0.005	＜0.005	＜0.0005	＜0.02	2008.10.15
0.66	25.9	392	230	162	＜0.002	＜0.002	0.25	＜0.0004	＜0.01	＜0.002	＜0.0002	＜0.000 04	＜0.05	2009.12.09
0.58	26.2	412	251	261	＜0.002	＜0.002	0.28	＜0.0004	＜0.01	＜0.002	＜0.0002	＜0.000 04	＜0.05	2010.09.28
1.1	17.4	298.8	277.7	21.1	＜0.001	＜0.0008	0.71	＜0.002	0.025	＜0.008	＜0.008	＜0.0005	＜0.02	2004.08.18
0.7	17.2	305.3	280.3	25	＜0.001	＜0.0008	0.68	＜0.002	0.031	＜0.008	＜0.008	＜0.0005	＜0.02	2005.10.09
0.6	18	287.8	247.7	40.1	＜0.001	＜0.0008	0.68	＜0.002	0.03	＜0.008	＜0.008	＜0.0005	＜0.02	2006.08.29
0.6	17.6	302.8	265.2	37.6	＜0.001	＜0.0008	0.65	＜0.002	0.018	＜0.008	＜0.008	＜0.0005	＜0.02	2007.10.18
0.8	14.9	312.8	270.2	42.6	＜0.001	＜0.0008	0.72	＜0.002	0.018	＜0.005	＜0.005	＜0.0005	＜0.02	2008.10.15
0.49	18	327	290	37	＜0.002	＜0.002	0.61	＜0.0004	0.016	＜0.002	＜0.0002	＜0.000 04	＜0.05	2009.12.09
0.49	18.6	314	274	40	＜0.002	＜0.002	0.47	＜0.0004	0.014	＜0.002	＜0.0002	＜0.000 04	＜0.05	2010.09.28
0.9	19.7	325.3	262.7	62.6	＜0.001	＜0.0008	0.5	0.004	0.015	＜0.008	＜0.008	＜0.0005		2000.09.05
0.6	17.2	397.9	255.2	142.7	0.001	0.0012	0.48	＜0.002	＜0.005	＜0.008	＜0.008	＜0.0005		2001.08.29
1.1	12.2	312.8	230.2	82.6	0.003	＜0.0008	0.43	＜0.002	＜0.005	0.016	＜0.008	＜0.0005	0.24	2002.08.27
0.7	19.1	337.8	209.2	128.6	＜0.001	0.0017	0.5	＜0.002	＜0.005	＜0.008	＜0.008	＜0.0005	＜0.02	2003.09.24
0.7	16.8	385.3	237.7	147.6	＜0.001	＜0.0008	0.44	＜0.002	0.012	＜0.008	＜0.008	＜0.0005	＜0.02	2004.09.02
1	15	402.9	260.2	142.7	＜0.001	＜0.0008	0.4	＜0.002	0.018	＜0.008	＜0.008	＜0.0005	＜0.02	2005.10.09
0.8	15.9	372.8	235.2	137.6	＜0.001	＜0.0008	0.43	＜0.002	＜0.005	＜0.008	＜0.008	＜0.0005	＜0.02	2007.10.18
1.2	17	412.9	265.2	147.7	＜0.001	＜0.0008	0.49	＜0.002	＜0.005	＜0.005	＜0.005	＜0.0005	＜0.02	2008.10.15
0.66	17.9	430	293	137	＜0.002	＜0.002	0.4	＜0.0004	＜0.01	＜0.002	＜0.0002	＜0.000 04	＜0.05	2009.12.09
0.66	19.6	395	264	131	＜0.002	＜0.002	0.31	＜0.0004	＜0.01	＜0.002	＜0.0002	＜0.000 04	＜0.05	2010.09.28

续表

点号	年份	pH值	色度	浊度	臭和味	肉眼可见物	阳离子(mg/L)							阴离子(mg/L)						矿化度	溶解性固体
							钾离子	钠离子	钙离子	镁离子	氨氮	三价铁	二价铁	氯离子	硫酸根	重碳酸根	碳酸根	硝酸根	亚硝酸根		
277	2001	7.5						63.7	101.2	40.7	<0.01			91.5	140.7	283.7	0	62.5	0.009		638
	2002	7.6						68.2	134.3	38.9	<0.01	<0.08		89.3	136.9	399.7	0	58.5	0.021		746
	2003	7.7						63.1	126.3	33.4	0.02	<0.08		75.5	124.9	378.3	0	53.5	0.013	909.2	720
	2004	7.2	5	<1.0				114.1	130.7	44.1	0.1	<0.08		113.4	257	292.9	0	108.75	0.619	1062.5	916
	2005	7.5	6	<1.0				92.6	164.3	43.4	<0.01	0.336		99.2	185.9	454.6	0	105	0.017	1139.3	912
	2007	7.3	5	<1.0				86	134.3	26.7	<0.01	<0.08		79.8	112.9	405.8	0	86.13	0.004	962.9	760
	2008	7.3	5	<1.0				72.7	128.3	30.4	0.02	<0.08		74.4	124.9	384.4	0	65.98	<0.003	906.2	714
	2009	7.33					80.1	2.42	121	31.2	<0.02	<0.05		60.9	106	403	0	72.6	<0.003		730
	2010	7.4					89.5	3.54	168	42	0.1	<0.05		94.6	237	400	0	109	<0.003	1184	984
225	2000	7.5						40	117.2	23.7	<0.01			58.5	103.3	295.9	0	55	0.016		550
	2001	7.7						46.9	100.2	31	<0.01			61.1	107.1	289.8	0	55	0.009		552
	2002	7.4						38.8	97.2	29.2	0.06	<0.08		59.2	100.9	289.8	0	26	0.01		506
	2003	7.4						47.1	107.2	22.5	0.02	<0.08		58.1	93.7	302	0	44	0.005	719	568
	2004	7.3	<5.0	<1.0				40.1	120.2	21.3	<0.01	<0.08		58.5	104.2	299	0	48	0.005	699.5	550
	2005	7.5	<5.0	<1.0				45.2	116.2	20.9	<0.01	<0.08		56.7	101.8	308.1	0	44.25	<0.003	700.1	546
	2006	7.3	<5.0	<1.0				44.3	106.2	24.7	<0.01	<0.08		56.7	102.3	299	0	38.73	<0.003	717.5	568
	2007	7.5	5	<1.0				49.6	105.2	21.9	<0.01	<0.08		56.7	98.5	302	0	37.5	<0.003	715	564
169	2003	7.8						79.1	142.3	34.6	0.02	<0.08		89.7	127.3	414.9	0	87.5	0.006	989.5	782
	2004	8	<5.0	<1.0				60.4	142.3	35.9	<0.01	<0.08		92.2	123.9	387.5	0	71	0.006	963.8	770
	2005	7.5	<5.0	<1.0				77.3	138.3	40.1	0.02	<0.08		92.2	131.1	421	0	82.5	<0.003	958.5	748
	2006	7.3	<5.0	<1.0				85.4	133.3	52.9	<0.01	<0.08		106.4	153.7	430.2	0	90.72	0.007	1065.1	850
	2007	7.5	5	<1.0				90.6	150.3	34	<0.01	<0.08		97.5	144.1	411.9	0	108.55	0.004	1062	856
	2008	7.4	5	<1.0				77.7	143.3	28	0.12	<0.08		85.1	115.3	402.7	0	88.96	0.005	999.4	798
	2009	7.2					85.3	4.43	152	36.4	<0.02	<0.05		78.9	140	432	0	95.7	<0.003		867
	2010	7.3					103	5.4	141	34.9	0.12	<0.05		78.7	175	430	0	85.2	0.01	1011	796
261	2000	7.5						38.5	170.3	32.2	<0.01			76.2	108.1	405.8	0	110	0.006		744
	2001	7.5						37.6	122.2	38.3	<0.01			72.7	144.3	295.9	0	99.5	0.01		660
	2002	7.1						44.9	131.3	39.5	0.1	<0.08		70.2	127.3	347.8	0	88	0.016		708
	2003	7.6						51.6	134.3	34	0.02	<0.08		72.7	122.5	308.1	0	130	0.004	864.1	710
	2004	7.3	<5.0	<1.0				51.9	175.1	32.3	<0.01	<0.08		83.3	120.1	399.7	0	140	0.005	1109.9	910
	2005	7.6	<5.0	<1.0		微量沉淀		47	164.3	40.1	<0.01	<0.08		78	132.1	408.8	0	117.5	<0.003	986.4	782
	2007	7.5	<5.0	<1.0				52.3	152.3	38.9	<0.01	<0.08		76.2	134.5	369.2	0	128.7	<0.003	932.6	748
	2008	7	5	<1.0				53.1	164.3	35.2	0.02	<0.08		76.2	120.1	363.6	0	143.23	<0.003	980.8	784
	2009	7.42	5	<1.0			45.3	2.22	170	35.9	0.14	<0.05		60.5	128	408	0	110	<0.003		815
	2010	7.7					43.2	2.45	166	35.9	0.16	<0.05		82.1	160	334	0	132	0.006	971	804

COD	可溶性 SiO_2	硬度(以碳酸钙计,mg/L)			毒理学指标,mg/L									取样时间
		总硬	暂硬	永硬	挥发分	氰化物	氟离子	砷	六价铬	铅离子	镉离子	汞离子	锰离子	
0.8	18.3	420.4	232.7	187.7	<0.001	<0.0008	0.45	<0.002	<0.005	<0.008	<0.008	<0.0005		2001.08.29
0.7	19	495.4	327.8	167.6	<0.001	<0.0008	0.38	<0.002	<0.005	<0.008	<0.008	<0.0005	<0.02	2002.08.27
0.9	17.2	452.9	310.3	142.6	<0.001	0.0015	0.5	<0.002	<0.005	<0.008	<0.008	<0.0005	<0.02	2003.09.24
2.5	10.8	508	240.2	267.8	<0.001	<0.0008	0.39	<0.002	<0.005	<0.008	<0.008	<0.0005	<0.02	2004.09.02
0.8	15	589	372.8	216.2	<0.001	<0.0008	0.36	<0.002	<0.005	<0.008	<0.008	<0.0005	<0.02	2005.10.09
1	18	445.4	332.8	112.6	<0.001	<0.0008	0.41	<0.002	0.007	<0.008	<0.008	<0.0005	<0.02	2007.10.18
0.8	17.8	445.4	315.3	130.1	<0.001	<0.0008	0.46	<0.002	0.01	<0.005	<0.005	<0.0005	<0.02	2008.10.15
0.66	20.5	431	331	100	<0.002	<0.002	0.4	<0.0004	<0.01	<0.002	<0.0002	<0.000 04	<0.05	2009.12.09
0.58	20.5	592	328	264	<0.002	<0.002	0.29	<0.0004	<0.01	<0.002	<0.0002	<0.000 04	<0.05	2010.09.28
1.8	25.1	390.4	242.7	147.7	<0.001	<0.0008	0.48	0.002	0.008	<0.008	<0.008	<0.0005		2000.09.05
0.7	25.2	377.8	237.7	140.1	<0.001	<0.0008	0.47	<0.002	0.006	<0.008	<0.008	<0.0005		2001.08.29
0.5	23.2	362.8	237.7	125.1	<0.001	<0.0008	0.38	<0.002	0.01	<0.008	<0.008	<0.0005	<0.02	2002.08.27
1.3	24.2	360.3	247.7	112.6	<0.001	0.0009	0.5	<0.002	0.013	<0.008	<0.008	<0.0005	0.02	2003.09.24
0.5	22.8	387.8	245.2	142.6	<0.001	<0.0008	0.46	<0.002	0.025	<0.008	<0.008	<0.0005	<0.02	2004.09.02
1	22.5	376.3	252.7	123.6	<0.001	<0.0008	0.42	<0.002	0.026	<0.008	<0.008	<0.0005	<0.02	2005.10.09
0.9	21.7	366.8	245.2	121.6	<0.001	<0.0008	0.44	<0.002	0.024	<0.008	<0.008	<0.0005	<0.02	2006.08.29
1	23.7	352.8	247.7	105.1	<0.001	<0.0008	0.4	<0.002	0.014	<0.008	<0.008	<0.0005	<0.02	2007.10.18
0.9	16.2	497.9	340.3	157.6	<0.001	<0.0008	0.41	<0.002	<0.005	<0.008	<0.008	<0.0005	<0.02	2003.09.28
1.1	15.7	503	317.8	185.2	<0.001	<0.0008	0.36	<0.002	<0.005	<0.008	<0.008	<0.0005	0.04	2004.08.25
1	15	510.5	345.3	165.2	<0.001	<0.0008	0.3	<0.002	0.017	<0.008	<0.008	<0.0005	<0.02	2005.10.14
0.8	16.5	550.5	352.8	197.7	<0.001	<0.0008	0.35	<0.002	<0.005	<0.008	<0.008	<0.0005	<0.02	2006.09.07
1.4	15.7	515.5	337.8	177.7	<0.001	<0.0008	0.31	<0.002	<0.005	<0.008	<0.008	<0.0005	<0.02	2007.10.24
0.8	16.7	472.9	330.3	142.6	<0.001	<0.0008	0.39	<0.002	<0.005	<0.005	<0.005	<0.0005	<0.02	2008.10.24
0.66	17.1	529	354	175	<0.002	<0.002	0.31	<0.0004	<0.01	<0.002	<0.0002	<0.000 04	<0.05	2009.12.16
0.49	17.6	496	430	66	<0.002	<0.002	0.26	<0.0004	<0.01	<0.002	<0.0002	<0.000 04	<0.05	2010.11.28
0.8	21	558	332.8	225.2	<0.001	<0.0008	0.35	0.002	<0.005	<0.008	<0.008	<0.0005		2000.09.05
0.8	20.5	462.9	242.7	220.2	<0.001	<0.0008	0.34	<0.002	0.015	<0.008	<0.008	<0.0005		2001.08.29
0.8	25.1	490.4	285.3	205.1	0.001	<0.0008	0.35	<0.002	0.009	<0.008	<0.008	<0.0005	<0.02	2002.08.27
0.7	21.5	475.4	252.7	222.7	<0.001	<0.0008	0.37	<0.002	<0.005	<0.008	<0.008	<0.0005	<0.02	2003.09.24
0.6	20	570.5	327.8	242.7	<0.001	<0.0008	0.32	<0.002	0.02	<0.008	<0.008	<0.0005	<0.02	2004.09.02
0.8	18.8	575.5	335.3	240.2	<0.001	<0.0008	0.27	<0.002	0.024	<0.008	<0.008	<0.0005	0.06	2005.10.09
0.8	19.1	540.5	302.8	237.7	<0.001	<0.0008	0.31	<0.002	0.014	<0.008	<0.008	<0.0005	<0.02	2007.10.18
1	17.8	555.5	322.8	232.7	<0.001	<0.0008	0.39	<0.002	0.044	<0.005	<0.005	<0.0005	<0.02	2008.10.15
0.66	21.8	572	335	192	<0.002	<0.002	0.28	<0.002	0.032	<0.002	<0.0002	<0.0004	<0.05	2009.12.09
0.58	21.4	562	274	288	<0.002	<0.002	0.23	<0.0004	0.058	<0.002	<0.0002	<0.000 04	<0.05	2010.09.28

续表

点号	年份	pH值	色度	浊度	臭和味	肉眼可见物	阳离子(mg/L) 钾离子	钠离子	钙离子	镁离子	氨氮	三价铁	二价铁	阴离子(mg/L) 氯离子	硫酸根	重碳酸根	碳酸根	硝酸根	亚硝酸根	矿化度	溶解性固体
15	2000	7.1					44.8		124.2	25.5	0.02			83.3	151.3	213.6	0	77.5	0.01		618
	2001	7.7					46.8		98.2	26.1	<0.01			42.5	107.1	244.1	0	102.5	0.015		582
	2002	7.3					44		126.3	37.7	0.02	<0.08		69.1	127.3	283.7	0	127.5	0.346		704
	2003	7.5					47.3		101.2	16.4	0.02	0.112		49.6	134.5	158.6	0	102.5	0.393	623.3	544
	2004	8.1	<5.0	<1.0		微量沉淀	33.9		112.2	13.7	<0.01	0.096		46.1	118.2	195.3	0	77.5	0.016	639.7	542
	2005	7	<5.0	<1.0		微量沉淀	45.3		132.3	28	<0.01	<0.08		60.3	108.1	280.7	0	143.75	<0.003	794.4	654
	2006	6.9	<5.0	<1.0			46.5		132.3	27.1	<0.01	<0.08		58.5	109.5	262.4	0	162.44	0.007	825.2	694
	2007	7.5	<5.0	<1.0			50.6		129.3	27.3	<0.01	<0.08		60.3	110.5	265.4	0	158.27	0.01	790.7	658
	2008	7.2	5	<1.0			40.9		122.2	23.1	0.04	<0.08		46.1	91.3	189.8	0	113.52	0.009	732.9	588
	2009	7.29					34.7	2.62	114	27.4	0.089	<0.05		32	90.5	293	0	98.9	<0.003		590
	2010	7.2					57.3	2.53	107	22.3	0.14	<0.05		45.3	145	252	0	88.3	<0.003	690	564
80	2000	7.5					21.3		93.2	1.8	<0.01			8.9	26.4	280.7	0	20.25	0.009		320
	2001	7.6					22.7		70.1	15.8	<0.01			8.9	30.3	227.6	0	22.25	0.009		320
	2002	7.3					19.8		73.1	15.8	<0.01	<0.08		10.6	21.6	286.8	0	22.25	0.006		336
	2003	7.8					19.2		68.1	13.4	0.02	<0.08		10.6	26.4	250.2	0	24	0.01	415.1	290
	2004	7.7	<5.0	<1.0		微量沉淀	17.3		78.2	8.5	<0.01	<0.08		7.1	33.6	247.1	0	25	<0.003	417.6	294
	2005	7.6	<5.0	<1.0			21.2		76.2	10.9	<0.01	<0.08		8.9	28.8	268.5	0	23	<0.003	446.3	312
	2007	8	5	<1.0			21.4		63.1	12.2	0.02	<0.08		5.3	45.6	222.7	0	20.54	0.035	417.4	306
	2008	7.4	5	<1.0			14.6		63.1	11.5	0.02	<0.08		7.1	33.6	213.6	0	20.82	<0.003	370.8	264
	2009	7.53					16.9	0.88	61.4	13.2	<0.02	0.063		7.52	35	230	0	26.7	<0.003		278
	2010	8					15.8	1	63.2	13.2	0.17	0.063		5.34	48.7	220	0	17.2	0.007	372	262
267	2000	7.4					39.4		71.1	17	<0.01			26.6	48	289.8	0	10.25	<0.003		364
	2001	7.7					40.5		67.1	17.6	<0.01			25.5	49.5	283.7	0	10	0.006		374
	2002	7.6					38		70.1	23.1	<0.01	<0.08		33.7	69.6	274.6	0	9.5	0.016		406
	2003	7.6					42.6		74.1	14.6	0.02	<0.08		29.1	55.2	280.7	0	11.5	0.009	510.4	370
	2004	7.5	<5.0	<1.0			38.3		74.1	13.4	<0.01	<0.08		26.6	52.8	271.5	0	10.25	<0.003	485.8	350
	2005	7.3	<5.0	<1.0			38.5		68.1	17.6	<0.01	<0.08		24.8	48	283.7	0	10.75	<0.003	485.9	344
	2006	7.6	<5.0	<1.0			38.9		78.2	11.5	<0.01	<0.08		26.6	45.66	283.7	0	11.83	<0.003	511.9	370
	2007	7.5	5	<1.0			40.5		69.1	18.8	<0.01	<0.08		23	55.2	289.8	0	13	<0.003	504.9	360
	2008	7.5	5	<1.0			38.4		74.1	19.4	0.02	<0.08		26.6	48	305.1	0	13.67	<0.003	520.6	368
	2009	7.56					40.1	1.33	72.9	21.2	<0.02	<0.05		22.5	49.9	329	0	24	<0.003		430
	2010	7.8					62..9	1.7	74.6	24.8	0.06	<0.05		26	84.7	358	0	26	<0.003	605	426
266	2007	7.6	5	<1.0			57.8		87.2	24.3	0.02	<0.08		42.5	88.9	329.5	0	25.61	0.003	652.8	488
	2008	7.6	5	<1.0			48.6		65.1	19.4	0.02	<0.08		30.1	55.2	283.7	0	19.55	<0.003	533.9	392
	2009	7.58					53.4	2.63	85.8	25.9	<0.02	<0.05		31.5	80.3	338	0	32.2	<0.0003		521
	2010	8					79.8	2.87	91.1	24.8	0.14	<0.05		45.4	122	365	0	16.4	0.2	714.5	532

COD	可溶性SiO$_2$	硬度(以碳酸钙计,mg/L)			毒理学指标,mg/L									取样时间
		总硬	暂硬	永硬	挥发分	氰化物	氟离子	砷	六价铬	铅离子	镉离子	汞离子	锰离子	
1.2	19.7	415.4	175.2	240.2	<0.001	0.0012	0.44	0.004	0.011	<0.008	<0.008	<0.0005		2000.09.05
0.6	21.9	352.8	200.2	152.6	<0.001	<0.0008	0.43	<0.002	<0.005	<0.008	<0.008	<0.0005		2001.08.29
0.6	21.8	470.4	232.7	237.7	0.006	<0.0008	0.29	<0.002	<0.005	<0.008	<0.008	<0.0005	<0.02	2002.08.27
1	17.8	320.3	130.1	190.2	<0.001	<0.0008	0.48	<0.002	<0.005	<0.008	<0.008	<0.0005	0.02	2003.09.24
1.2	15.5	336.8	160.1	176.7	<0.001	<0.0008	0.41	<0.002	<0.005	<0.008	<0.008	<0.0005	<0.02	2004.08.18
1	18.8	445.4	230.2	215.2	<0.001	<0.0008	0.34	<0.002	<0.005	<0.008	<0.008	<0.0005	<0.02	2005.10.09
0.7	20.5	441.9	215.2	226.7	<0.001	<0.0008	0.35	<0.002	<0.005	<0.008	<0.008	<0.0005	<0.02	2006.08.29
1	20.8	435.4	217.7	217.7	<0.001	<0.0008	0.33	<0.002	<0.005	<0.008	<0.008	<0.0005	<0.02	2007.10.18
1.4	21.3	400.4	237.7	162.7	<0.001	<0.0008	0.39	<0.002	<0.005	<0.005	<0.005	<0.0005	<0.02	2008.10.15
0.66	24	398	240	158	<0.002	<0.002	0.3	<0.0004	<0.01	<0.002	<0.0002	<0.000 04	<0.05	2009.12.09
0.66	21.9	359	207	152	<0.002	<0.002	0.32	<0.0004	<0.01	<0.002	<0.0002	<0.000 04	<0.05	2010.09.28
1.8	20.2	240.2	230.2	10	<0.001	<0.0008	0.62	0.002	0.008	<0.008	<0.008	<0.0005		2000.09.05
0.7	19.6	240.2	227.7	12.5	<0.001	<0.0008	0.63	<0.002	0.01	<0.008	<0.008	<0.0005		2001.08.29
0.7	20.7	247.7	235.2	12.5	<0.001	<0.0008	0.51	<0.002	0.009	<0.008	<0.008	<0.0005	<0.02	2002.08.27
0.7	19.6	225.2	205.2	20	<0.001	0.001	0.69	<0.002	0.014	<0.008	<0.008	<0.0005	<0.02	2003.09.24
0.5	17	232.7	202.7	30	<0.001	<0.0008	0.87	<0.002	0.019	<0.008	<0.008	<0.0005	<0.02	2004.09.02
0.8	17	239.2	220.2	19	<0.001	<0.0008	0.69	<0.002	0.023	<0.008	<0.008	<0.0005	<0.02	2005.10.09
2.1	17.3	207.7	182.7	25	<0.001	<0.0008	0.81	0.017	0.008	<0.008	<0.008	<0.0005	<0.02	2007.10.18
0.6	16.2	205.2	175.2	30	<0.001	<0.0008	0.81	<0.002	0.01	<0.005	<0.005	<0.0005	<0.02	2008.10.15
0.66	17.6	208	189	19	<0.002	<0.002	0.82	<0.0004	<0.01	<0.002	<0.0002	<0.000 04	<0.05	2009.12.09
0.58	18.5	212	180	32	<0.002	<0.002	0.78	<0.0004	<0.01	<0.002	<0.0002	<0.000 04	<0.05	2010.09.28
1.8	19.5	247.7	237.7	10	<0.001	<0.0008	0.53	0.002	0.007	<0.008	<0.008	<0.0005		2000.09.05
0.9	18.4	240.2	232.7	7.5	<0.001	<0.0008	0.56	<0.002	<0.005	<0.008	<0.008	<0.0005		2001.08.29
0.5	18.1	270.2	225.2	45	<0.001	<0.0008	0.43	<0.002	<0.005	<0.008	<0.008	<0.0005	<0.02	2002.08.27
0.7	17.6	245.2	230.2	15	<0.001	<0.0008	0.58	<0.002	<0.005	<0.008	<0.008	<0.0005	<0.02	2003.09.24
0.3	17.2	240.2	222.7	17.5	<0.001	<0.0008	0.54	<0.002	0.012	<0.008	<0.008	<0.0005	<0.02	2004.09.02
0.8	17	242.7	232.7	10	<0.001	<0.0008	0.48	<0.002	0.019	<0.008	<0.008	<0.0005	<0.02	2005.10.09
0.8	17.8	242.7	232.7	10	<0.001	<0.0008	0.51	<0.002	0.016	<0.008	<0.008	<0.0005	<0.02	2006.08.29
1	17.2	250.2	237.7	12.5	<0.001	<0.0008	0.49	0.002	0.007	<0.008	<0.008	<0.0005	0.06	2007.10.18
0.8	18.3	265.2	250.2	15	<0.001	<0.0008	0.55	<0.002	0.01	<0.005	<0.005	0.0008	<0.02	2008.10.15
0.74	19.3	25.1	269	269	<0.002	<0.002	0.44	<0.0004	<0.01	<0.002	<0.0002	<0.000 04	<0.05	2009.12.09
0.58	19.8	288	288	0	<0.002	<0.002	0.39	0.000 85	<0.01	<0.002	<0.0002	<0.000 04	<0.05	2010.09.28
1.5	16	317.8	270.2	47.6	<0.001	<0.0008	0.45	<0.002	<0.005	<0.008	<0.008	<0.0005	<0.02	2007.10.18
0.8	16.9	242.7	232.7	10	<0.001	<0.0008	0.56	<0.002	<0.005	<0.005	<0.005	<0.0005	<0.02	2008.10.15
0.82	17.6	321	277	44	<0.002	<0.002	0.42	<0.0004	<0.01	<0.002	<0.0002	<0.000 04	<0.05	2009.12.09
0.58	18.1	330	299	31	<0.002	<0.002	0.36	0.000 53	<0.01	<0.002	<0.0002	<0.000 04	<0.05	2010.09.28

续表

点号	年份	pH值	色度	浊度	臭和味	肉眼可见物	阳离子(mg/L) 钾离子	钠离子	钙离子	镁离子	氨氮	三价铁	二价铁	阴离子(mg/L) 氯离子	硫酸根	重碳酸根	碳酸根	硝酸根	亚硝酸根	矿化度	溶解性固体
73	2000	7.6					20.5		54.1	7.3	0.04			10.6	36	186.1	0	5.75	<0.003		230
	2005	8.1	6	<1.0			79.4		107.2	34.6	<0.01	<0.08		53.2	115.3	387.5	0	87	0.006	881.8	688
	2006	7.6	<5.1	<1.0			88.6		102.2	36.5	<0.01	<0.08		56.7	117.7	399.7	0	83.54	0.008	891.9	692
	2007	7.6	5	<1.0			18		46.1	12.8	0.02	<0.08		14.2	55.2	152.5	0	5.07	<0.003	314.3	238
	2008	7.6	5	<1.0			21.4		47.1	11.5	0.02	<0.08		16	43.2	167.8	0	8.21	<0.003	315.9	232
	2009	8.12					22	3.18	44.4	15.7	<0.02	0.058		14.3	44.5	190	0	19.5	<0.003		267
	2010	7.9					15.9	2.91	49.1	13.4	0.13	<0.05		11	45.8	173	0	10.7	<0.003	312.5	226
A	2008	7.5	5	<1.0			63.4		64.1	14	0.02	<0.08		16	33.6	344.8	0	19.13	<0.003	574.4	217.7
	2009	7.71					67.2	1.69	67.5	15.9	<0.02	<0.05		14.1	32.3	378	0	30.6	<0.003		455
	2010	7.8					67.1	1.84	63.1	14.9	0.096	<0.05		15.2	32.2	344	0	21.7	0.007	578	406
B	2008	7.3	5	<1.0			81.3		207.4	33.4	0.02	<0.08		88.6	86.5	543.1	0	213	<0.003	1280	1008
	2009	7.24					51.9	1.29	189	47.8	<0.02	<0.05		50.4	100	541	0	146	<0.003		919
	2010	7.5					65.6	1.3	179	44.9	0.099	<0.05		61.2	131	524	0	150	<0.003	1108	846
203	2001	7.5					39.2		133.3	31.6	<0.01			59.6	99.9	323.4	0	117.5	0.006		648
	2002	7.3					30.6		141.3	32.2	<0.01	<0.08		60.3	110.5	344.8	0	85.5	0.01		680
	2003	7.3					45.6		145.3	29.2	0.02	<0.08		63.1	132.1	350.9	0	84	0.009	859.5	684
	2004	7.8	<5.0	<1.0			41.4		153.9	23.9	0.01	<0.08		63.8	123.9	335.6	0	97.5	0.005	847.8	680
	2005	7	<5.0	<1.0			44.4		148.3	26.7	<0.01	<0.08		56.7	134.5	341.7	0	95	0.004	844.9	674
	2006	7.7	<5.0	<1.0			59.9		140.3	30.6	<0.01	<0.08		69.1	135.4	305.1	0	146	<0.003	910.6	758
	2007	7.6	5	<1.0			7		24	3	0.02	<0.08		5.3	36	42.7	0	9.56	<0.003	141.4	120
263	2003	7.7					81.5		91.2	19.4	0.02	<0.08		57.4	91.3	312.4	0	65.5	0.004	740.2	584
	2004	7.8	<5.0	<1.0			86.4		93.2	15.8	0.01	<0.08		54.9	112.9	292.9	0	62.5	0.008	728.5	582
	2005	8	<5.0	<1.0			85.4		92.2	23.1	<0.01	<0.08		58.5	110.5	311.2	0	72	0.007	777.6	622
	2006	7.6	<5.1	<1.0			87.4		90.2	24.3	<0.01	<0.08		63.8	120.1	302	0	65.15	0.008	767	616
216	2001	7.9					173.9		64.1	0.6	<0.01			60.3	319.9	140.3	0	9.25	0.009		718
	2002	7.6					168.2		60.1	6.7	<0.01	<0.08		63.8	300.2	158.6	0	13.25	0.018		738
	2003	7.5					177.3		62.1	3.6	0.02	<0.08		66.3	314.6	146.4	0	18	0.005	809.2	736
	2004	8	<5.0	<1.0			170.7		59.7	2.3	<0.01	<0.08		67.4	314.6	115.9	0	15	0.003	806	748
139	2001	7.5					34.3		134.3	37.7	<0.01			83.3	126.3	210.5	0	177.5	0.022		742
	2002	7.5					35.3		132.3	24.9	<0.01	<0.08		69.1	127.3	244.1	0	101.3	0.014		658
	2003	7.9					53.5		112.2	24.3	0.02	<0.08		61.3	120.1	225.8	0	123.8	0.008	718.9	606
163	2000	7.7					70.2		125.2	23.1	<0.01			72.7	98.5	387.5	0	46.5	0.025		622
	2001	7.5					55.4		130.3	29.2	<0.01			79.8	92.7	372.2	0	63.75	0.017		630
	2002	7.4					61		140.3	33.4	0.06	<0.08		78	105.7	430.2	0	59	0.025		690
37	2000	7.5					130.2		78.2	9.1	<0.01			70.9	134.5	262.4	0	75	0.006		634
	2001	7.8					141.3		40.1	5.5	<0.01			55.7	152.7	201.4	0	33.75	0.004		570
	2002	7.7					151.8		20	0.6	<0.01	0.148		44.3	163.3	170.9	0	12.75	0.021		508

COD	可溶性 SiO_2	硬度(以碳酸钙计,mg/L)			毒理学指标,mg/L									取样时间
		总硬	暂硬	永硬	挥发分	氰化物	氟离子	砷	六价铬	铅离子	镉离子	汞离子	锰离子	
2.6	5.7	165.1	152.6	12.5	<0.001	<0.0008	0.45	0.002	0.009	<0.008	<0.008	<0.0005		2000.09.05
1.2	17.2	410.4	317.8	92.6	<0.001	<0.0008	0.68	<0.002	<0.005	<0.008	<0.008	<0.0005	<0.02	2005.10.09
0.7	19.3	405.4	327.8	77.6	<0.001	<0.0008	0.71	<0.002	<0.005	<0.008	<0.008	<0.0005	<0.02	2006.08.29
2.2	5.9	167.7	125.1	42.6	<0.001	<0.0008	0.33	<0.002	<0.005	<0.008	<0.008	<0.0005	0.008	2007.10.18
2	4.6	165.1	137.6	27.5	<0.001	<0.0008	<0.43	<0.002	<0.005	<0.005	<0.005	<0.0005	<0.02	2008.10.15
1.57	5.52	176	156	20	<0.002	<0.002	0.33	<0.0004	<0.01	<0.002	<0.0002	<0.000 04	<0.05	2009.12.09
1.32	9.9	178	142	36	<0.002	<0.002	0.32	0.0012	<0.01	<0.002	<0.0002	<0.000 04	<0.05	2010.09.28
0.8	24.6	217.7	217.7	0	<0.001	<0.0008	2.24	<0.002	0.011	<0.005	<0.005	<0.0005	<0.02	2008.10.15
0.58	29.4	234	234	0	<0.002	<0.002	2.2	<0.0004	<0.01	<0.002	<0.0002	<0.000 04	<0.05	2009.12.09
0.49	29.2	219	219	0	<0.002	<0.002	7.97	0.000 56	<0.01	<0.002	<0.0002	<0.000 04	<0.05	2010.09.28
1.5	21.5	655.6	445.4	210.2	<0.001	<0.0008	0.34	<0.002	0.019	<0.005	<0.005	<0.0005	<0.02	2008.10.15
0.74	23.1	669	444	225	<0.002	<0.002	0.28	<0.0004	0.015	<0.002	<0.0002	<0.000 04	<0.05	2009.12.09
0.58	23.7	632	430	232	<0.002	<0.002	0.21	<0.0004	0.016	<0.002	<0.0002	<0.000 04	<0.05	2010.09.28
0.8	25.2	462.9	265.2	197.7	<0.001	<0.0008	0.6	<0.002	0.006	<0.008	<0.008	<0.0005		2001.08.29
0.4	24.2	485.4	282.8	202.6	0.001	<0.0008	0.4	<0.002	<0.005	<0.008	<0.008	<0.0005	0.09	2002.08.27
0.8	22.2	482.9	287.8	195.1	<0.001	<0.008	0.55	<0.002	<0.005	<0.008	<0.008	<0.0005	<0.02	2003.09.24
0.6	20.2	482.9	275.2	207.7	<0.001	<0.0008	0.41	<0.002	0.012	<0.008	<0.008	<0.0005	<0.02	2004.09.02
1	18.8	480.4	280.3	200.1	<0.001	<0.0008	0.37	<0.002	0.016	<0.008	<0.008	<0.0005	<0.02	2005.10.09
0.7	20.1	476.4	250.2	226.2	<0.001	<0.0008	0.41	<0.002	<0.005	<0.008	<0.008	<0.0005	<0.02	2006.08.29
2	6.9	72.6	35	37.6	<0.001	<0.0008	0.22	<0.002	<0.005	<0.008	<0.008	<0.0005	<0.02	2007.10.18
0.8	23.4	307.8	256.2	51.6	<0.001	0.001	1.48	<0.002	0.005	<0.008	<0.008	<0.0005	0.04	2003.09.24
0.4	21.8	297.8	240.2	57.6	<0.001	<0.0008	1.74	<0.002	0.014	<0.008	<0.008	<0.0005	<0.02	2004.09.02
0.8	22.5	325.3	255.2	70.1	<0.001	<0.0008	1.51	<0.002	0.019	<0.008	<0.008	<0.0005	<0.02	2005.10.09
0.8	22.6	325.3	247.7	77.6	<0.001	<0.0008	1.74	<0.002	0.018	<0.008	<0.008	<0.0005	<0.02	2006.08.29
0.6	20.2	162.6	115.1	47.5	<0.001	<0.0008	7.55	<0.002	<0.005	<0.008	<0.008	<0.0005		2001.08.29
0.7	20.5	177.7	130.1	47.6	0.001	<0.0008	6	<0.002	<0.005	<0.008	<0.008	<0.0005	<0.02	2002.08.27
0.8	18.5	170.2	120.1	50.1	<0.001	<0.0008	7.08	<0.002	<0.005	<0.008	<0.008	<0.0005	0.02	2003.09.24
1.3	17.4	158.6	95.1	63.5	<0.001	<0.0008	7.41	<0.002	<0.009	<0.008	<0.008	<0.0005	<0.02	2004.08.18
1.3	24.7	490.4	172.7	317.7	<0.001	0.0017	0.32	<0.002	<0.005	<0.008	<0.008	<0.0005		2001.08.29
1.4	26.9	435.4	200.2	235.2	<0.001	<0.0008	0.26	<0.002	<0.005	<0.008	<0.008	<0.0005	<0.02	2002.08.27
0.8	26.2	380.3	185.2	195.1	<0.001	0.0011	0.35	<0.002	0.013	<0.008	<0.008	<0.0005	<0.02	2003.09.24
2.4	17.4	407.9	317.8	90.1	<0.001	<0.0008	0.47	0.002	0.016	<0.008	<0.008	<0.0005		2000.09.05
0.6	17.3	445.4	305.3	140.1	<0.001	<0.0008	0.4	<0.002	<0.005	<0.008	<0.008	<0.0005		2001.08.29
0.6	17.5	487.9	352.8	135.1	0.001	<0.0008	0.31	<0.002	0.007	<0.008	<0.008	<0.0005	0.09	2002.08.27
0.6	20.1	232.7	215.2	17.5	<0.001	<0.0008	4.57	0.004	0.012	<0.008	<0.008	<0.0005		2000.09.05
0.6	19	122.6	122.6	0	<0.001	<0.0008	7.25	<0.002	0.006	<0.008	<0.008	<0.0005		2001.08.29
0.9	19.7	52.5	52.5	0	<0.001	<0.0008	6.88	<0.002	<0.005	<0.008	<0.008	<0.0005	<0.02	2002.08.27

第四章　滑　南　市

一、渭南市地下水质监测点基本信息

渭南市地下水质监测点基本信息表

序号	点号	位置	地下水类型	页码
1	H12	华县水文站	承压水	
2	H2	华县下庙水文站东	承压水	
3	H3－1	华阴市北社东栅村	承压水	
4	H32	渭南市白杨乡张仪村	承压水	
5	W14	渭南市双王乡丰阴村	潜水	
6	W14－1	渭南市双王乡丰阴村	潜水	
7	W15	渭南市双王乡罗刘村西	承压水	
8	W15－1	渭南市双王乡罗刘村西	承压水	
9	W23	渭南市良田乡弋张村西	承压水	
10	W25－1	渭南市零口何家村	承压水	
11	W32	渭南市白杨乡张仪村	潜水	
12	W32－1	渭南市白杨乡张仪村	潜水	
13	W32－2	渭南市白杨乡张仪村	潜水	
14	W6	渭南市双王乡新丰七队	承压水	
15	W6－1	渭南市双王乡新丰七队	潜水	
16	B24	渭南市开发物资公司	潜水	
17	B531	华阴市夫水焦镇	潜水	
18	B561	华县下庙水文站内	潜水	
19	B557	渭南市前进路供电局西	潜水	
20	GQ19	富平县华朱乡水管	混合水	

二、渭南市地下水质资料

滑南市地下水质资料表

点号	年份	pH值	色度	浊度	臭和味	肉眼可见物	阳离子(mg/L)							阴离子(mg/L)						矿化度	溶解性固体
							钾离子	钠离子	钙离子	镁离子	氨氮	三价铁	二价铁	氯离子	硫酸根	重碳酸根	碳酸根	硝酸根	亚硝酸根		
H12	2000	7.71					188.69		83.67	52.55	<0.02	0.17	<0.01	176.82	250.62	284.84	0	112.8	0.03	1157.47	1015.05
	2001	7.73					180.27		183.69	92.82	0.04	0.06	<0.01	239.68	344.86	415.24	0	240	0.22	1710.95	1503.33
	2004	7.36					274.8		228	116.44	0.04	0.05	<0.01	299.45	506.19	533.8	0	320	0.22	229.3.02	2026.12
	2005	7.87					90.18		59.82	38.7	<0.02	<0.01	<0.01	46.58	168.2	276.97	0	44	0.05		591.14
H2	2008	7.91					51.89		48.88	9.88	0.02	0.02	<0.01	5.39	92.75	206.13	0	1.2	0.01	435.05	331.98
	2009	7.91					332.28		229.03	119.05	0.02	<0.01	<0.01	275.59	606.74	536.62	0	400	0.02	2513.68	2245.37
	2010	7.88					38.99		34.66	9.2	0.07	0.01	<0.01	28.79	15.58	185.26	0	0.2	0.02	314.33	221.71
H3-1	2002	8.3					95.2		15	12.2	0.48	0.248		29.8	37.5	238	12	<2.5	0.338	447.666	316
	2003	7.79					355.86		70.06	53.56	0.12	0.18	<0.01	180.6	534.3	411.46	0	24	0.4	1638.98	1433.25
	2005	8.39					133.12		7.98	12.7	<0.02	0.04	<0.01	54.81	91.74	205.39	9.18	4.4	0.05		420.9
	2009	8.13					127.13		16.36	11.16	0.02	0.03	<0.01	37.51	85.28	265.15	0	2.8	0.03	552.57	491.99
H32	2000	8.88					117.16		9.96	7.24	0.5	0.6	<0.01	32.72	42.99	218.21	23.85	<0.2	0.12	460.17	351.06
	2001	8.23					113.11		11.22	10.52	0.04	0.3	<0.01	32.83	51.34	260.68	0	2.4	0.05	488.98	358.64
	2004	7.84					241.96		18	30.32	0.12	0.12	<0.01	111.56	267.48	310.23	0	2.8	2.6	989.57	834.46
	2010	8.06					123.48		6.5	10.51	42	0.52	<0.01	59.38	15.58	419.92	0	<0.2	0.36	680.04	470.08
W14	2000	8.57					159.04		6.97	10.27	0.8	0.17	<0.01	110.53	23.87	245.42	14.91	<0.2	0.52	574.56	451.85
	2001	8.17					159.16		17.35	18.57	0.02	0.4	<0.01	121.31	14.7	339.45	0	<0.2	0.6	676.33	506.6
	2002	8.3					150.1		21	19.4	2.6	0.604		122.3	9.6	311.2	18	<2.5	0.06	658	484
	2003	7.82					146.86		18.28	20.32	2.5	0.14	<0.01	114.5	0	357.15	0	0.3	<0.005	666.73	488.16
	2004	7.49					154.72		29	22.43	2.5	0.6	<0.01	125.81	18.2	380.09	0	<0.2	<0.005	742.78	552.74
	2005	7.62					159.21		22.93	22.97	3	1	0.01	122.41	22.48	379.67	0	<0.2	0.03		554.7
	2006	7.81					149.25		21.89	19.31	3	0.35	<0.01	119.66	7.63	353.12	0	<0.2	<0.005		503.93
	2007	7.9					139.72		18	19.41	3.2	0.08	<0.01	103.23	14.36	334.51	0	0.7	0.44		471.62
W14-1	2000	7.87					230.21		20.92	30.2	<0.02	0.2	<0.01	51.3	121.76	581.83	0	<0.2	0.01	1044.66	753.74
	2001	7.42					211.81		102	63.12	0.12	1.7	0.6	70.05	347.3	633.45	0	<0.2	0.02	1441.59	1124.8
	2002	7.9					236.4		89.2	55.3	0.24	0.152		79.8	317	637.6	0	<2.5	0.026	1425	1130
	2003	7.89					228.34		39.6	32.01	0.04	0.28	<0.01	48.46	156.19	603	0	0.3	0.02	1121.08	819.58
	2004	7.71					225.01		41	29.11	0.05	0.18	<0.01	44.45	150.05	598.06	0	0.5	0.17	1103.02	803.99
	2005	7.67					249.23		68.8	51.4	0.3	0.04	<0.01	70.33	286.26	641.08	0	1.6	0.06		1064.1
W15	2008	8.97					207.09		10.18	21	0.08	0.04	<0.01	141.45	141.54	224.86	18.42	<0.2	<0.005	767.39	654.96
	2009	9.13					217.51		10.22	23.56	0.06	0.2	<0.01	143.5	168.59	227.27	18.62	<0.2	0.01	812.57	698.94
	2010	8.88					176.54		10.83	21.03	0.02	0.04	<0.01	140.36	77.88	228.48	18.22	<0.2	<0.005	675.1	560.86
W15-1	2009	8.04					219.53		20.45	7.44	0.24	0.05	<0.01	135.35	31.37	404.04	0	2.4	0.31	824.59	622.5
	2010	8.91					135.96		10.83	18.39	0.28	0.07	<0.01	64.78	31.15	296.41	18.22	0.4	0.32	581.71	433.5

COD	可溶性 SiO_2	硬度(以碳酸钙计,mg/L)			毒理学指标,mg/L									取样时间
		总硬	暂硬	永硬	挥发分	氰化物	氟离子	砷	六价铬	铅离子	镉离子	汞离子	锰离子	
2.21	6.94	425.32	233.61	191.71			0.34			<0.01			0.16	2000.06.04
0.73	13.52	838.39	340.56	497.83			0.52			<0.01			0.92	
1.22	13.59	1046.35	437.79	608.56	<0.001	<0.001	0.37	0.016	<0.002	<0.01	<0.001	<0.001	0.01	
1.74	4.64	308.73	227.15	81.58	<0.001	<0.001	0.47	0.01	<0.002	<0.01	<0.001	<0.001	0.04	2005.11.11
0.26	18.21	162.74	162.74	0	<0.001	<0.001	0.39	0.007	<0.002	<0.01	<0.001	<0.001	<0.01	
2.16	13.88	1062.17	440.1	622.07	<0.001	<0.001	0.42	0.02	<0.002	<0.01	<0.001	<0.001	<0.01	
0.28	1.3	124.43	124.43	0	<0.001	<0.001	0.24	0.007	<0.002	<0.01	<0.001	<0.001	0.28	
1.5	4.4	87.6	87.6	0	<0.001	<0.0008	0.89	<0.002	<0.005	<0.008	<0.008	<0.0005	0.22	2002.08.20
1.77	7.7	390.4	337.5	52.98	<0.001	0.002	0.68	0.01	0.002	<0.01	<0.001	0.001	0.01	2003.10.19
0.77	3.48	72.2	72.2	0	<0.001	<0.001	0.63	0.01	<0.002	<0.01	<0.001	<0.001	0.01	2005.11.11
0.78	6.28	86.81	86.81	0	<0.001	<0.001	0.72	<0.005	<0.002	<0.01	<0.001	<0.001	0.01	
1.16	5.62	54.72	54.72	0			0.84			<0.01			0.03	2000.06.01
0.57	5.33	71.35	71.35	0			0.9			<0.01			<0.01	
1.94	3.85	167.32	167.32	0	0.001	<0.001	0.47	0.016	<0.002	<0.01	<0.001	<0.001	0.04	
3.97	1.18	59.51	59.51	0	<0.01	<0.001	0.47	<0.005	<0.002	<0.001	<0.001	<0.001	0.4	
1.88	1.75	62.18	62.18	0			0.31			<0.01			0.03	2000.06.01
1.66	4.01	117.22	117.22	0			0.5			<0.01			0.02	
3	3.6	132.6	132.6	0	0.001	<0.0008	0.51	0.01	<0.005	<0.008	<0.008	<0.0005	<0.02	2002.08.26
2.47	6.06	129.3	129.3	0	<0.001	<0.001	0.54	<0.005	<0.002	<0.01	<0.001	<0.001	0.4	2003.10.24
4.08	8.66	159.82	159.82	0	<0.001	0.004	0.62	<0.005	<0.002	<0.01	<0.001	<0.001	0.1	
2.89	10.09	151.87	151.87	0	<0.001	<0.001	0.56	0.01	<0.002	<0.01	<0.001	<0.001	0.16	2005.11.11
2.69	5.29	134.18	134.18	0	<0.001	<0.001	0.67	0.006	<0.002	<0.01	<0.001	<0.001	0.1	2006.10.22
2.57	4.42	124.86	124.86	0	<0.001	0.002	0.63	0.04	<0.002	<0.01	<0.001	<0.001	0.02	2007.10.26
1.03	7.61	174.11	174.11	0			0.59			<0.01			0.05	2000.06.01
0.78	10.73	514.75	514.75	0			0.58			<0.01			0.54	
1.3	10.7	450.4	450.4	0	<0.001	<0.0008	0.66	<0.002	<0.005	<0.008	<0.008	<0.0005	0.38	2002.08.26
0.42	11.88	235.78	235.78	0	<0.001	<0.001	0.92	0.016	<0.002	<0.01	<0.001	<0.001	0.08	2003.10.24
0.9	13.47	222.25	222.25	0	<0.001	0.001	0.85	0.006	<0.002	<0.01	0.001	<0.001	0.02	
0.67	14.72	383.42	383.42	0	<0.001	<0.001	0.72	<0.005	<0.002	<0.01	<0.001	<0.001	0.48	2005.11.11
0.61	2.28	111.88	111.88	0	<0.001	0.001	0.36	0.005	<0.002	<0.01	<0.001	<0.001	<0.01	
0.86	2.85	122.56	122.56	0	<0.001	<0.001	0.35	0.03	<0.002	<0.01	<0.001	<0.001	<0.01	
0.28	1.36	113.61	113.61	0	<0.001	<0.001	0.34	<0.005	<0.002	<0.01	<0.001	<0.001	<0.01	
1.98	2.25	81.71	81.71	0	<0.001	<0.001	1.04	<0.005	<0.002	<0.01	<0.001	<0.001	<0.01	
0.76	4.12	102.79	102.79	0	<0.001	<0.001	0.43	0.012	<0.002	<0.01	<0.001	<0.001	<0.01	

续表

点号	年份	pH值	色度	浊度	臭和味	肉眼可见物	阳离子(mg/L) 钾离子	钠离子	钙离子	镁离子	氨氮	三价铁	二价铁	阴离子(mg/L) 氯离子	硫酸根	重碳酸根	碳酸根	硝酸根	亚硝酸根	矿化度	溶解性固体
W23	2007	7.73					195.04		15.99	33.96	5	0.92	<0.01	79.16	91.06	501.77	0	<0.2	<0.005		684.22
W25-1	2003	8.68					209.67		10.16	12.31	0.3	0.08	<0.01	135.67	6.34	357.15	22.89	0.8	0.6	759.12	580.54
	2005	8.35					209.16		9.98	13.3	<0.02	<0.01	<0.01	133.36	15.27	379.67	9.18	0.6	1.1		586.7
	2008	8.38					209.83		12.22	16.05	0.12	0.26	<0.01	139.64	19.5	393.52	6.15	0.6	0.6	802.23	605.47
W32	2000	8.59					180.32		15.93	16.31	6.6	0.2	<0.01	83.09	76.37	330.3	26.82	0.8	1.5	744.05	578.9
	2001	7.66					361.26		22.44	45.79	10		0.04	169.17	80.69	769.83	0	<0.2	1.2	1544.95	1160.0
	2002	8					138.9		53.1	21.9	0.64	0.516		76.2	124.9	341.7	6	<2.5	0.021	558	602
	2003	7.93					135.93		49.74	24.01	0.5	0.14	<0.01	76.64	114.84	354.53	0	<0.2	0.01	771.78	594.52
	2004	8.17					174.2		52	32.75	0.26	0.12	<0.01	101.49	182.61	377.29	0	<0.2	0.14	936.04	747.4
	2005	8.13					183.91		55.83	30.83	0.4	0.09	<0.01	99.58	195.48	392.11	0	<0.2	0.13		777.22
	2006	7.99					145.24		47.76	25.34	0.5	0.4	<0.01	74.68	134.5	359.22	0	<0.2	<0.005		622.65
	2007	8					146.46		48	20.62	<0.02	0.02	<0.01	75.72	134.2	334.51	0	0.7	0.08		604.02
	2008	8.39					170.43		42.77	30.87	0.24	0.08	<0.01	94.86	185.49	324.81	6.15	<0.2	0.05	868.5	706.1
	2009	8.45					159.98		49.08	26.04	0.1	0.04	<0.01	83.17	165.65	334.6	6.21	2	0.03	838.31	671.02
	2010	8.36					150.97		41.16	21.03	0.32	0.09	<0.01	80.97	119.42	314.94	12.14	<0.2	0.21	746.68	592.21
W32-1	2000	7.89					68.88		57.78	13.89	15	0.4	<0.01	65.44	64.46	272.7	0	0.2	0.3	577.18	440.8
	2001	7.39					193.91		70.4	48.89	60	1.6	0.14	107.66	100.29	754.7	0	<0.2	<0.005	1408.45	1031.
	2002	7.9					138.9		89.2	45.6	35	1.208		86.9	362.6	375.3	0	3.25	1.88	1147	976
	2004	8.43					200.77		12	12.74	0.04	0.08	<0.01	134.21	6.24	354.95	16.5	3	<0.005	746.87	569.4
	2007	8.29					203.11		15.99	12.13	<0.02	0.01	<0.01	129.04	19.16	396.45	0	1.1	0.88		583.1
W32-2	2002	7.9					82.8		58.1	15.8	22	0.548		65.6	2.4	436.3	0	<2.5	<0.003	694	476
	2004	7.33					155.55		60	52.76	15	0.3	<0.01	92.28	288.08	354.95	0	16	12.5	1053.38	875.9
	2005	7.45					130.55		79.76	32.05	2.6	0.01	<0.01	103.23	243.27	261.41	0	3	3		740.3
	2006	8.06					141.22		65.67	26.55	5	0.32	<0.01	99.87	158.34	344.03	0	1.6	1.9		678.4
	2007	7.7					150.01		64.01	25.47	4.6	0.01	<0.01	87.77	158.16	359.29	0	3.6	12		694.5
	2008	8.42					153.2		61.1	25.93	11	0.17	<0.01	98.48	122	399.74	12.27	0.4	1.25	902.24	702.3
	2009	8.72					363.81		77.71	34.72	0.9	0.03	<0.01	272.33	307.78	435.61	37.25	2.4	0.14	1550.49	1332.6
	2010	8.63					351.96		58.49	31.53	0.38	0.04	<0.01	282.51	264.79	370.51	36.43	0.4	0.24	1404.29	1219.0
W6	2008	7.95					198.49		38.7	30.87	0.36	0.6	<0.01	144.99	136.65	374.78	0	1.6	0.33	939.64	752.2
	2009	8.24					207.51		40.9	22.32	0.8	0.26	<0.01	145.13	134.29	366.16	0	0.8	0.01	930.97	747.8
	2010	8.34					197.56		41.16	23.65	0.92	0.08	<0.01	143.96	119.42	345.81	12.14	<0.2	0.21	896.33	723.4

COD	可溶性SiO_2	硬度(以碳酸钙计,mg/L)			毒理学指标,mg/L									取样时间
		总硬	暂硬	永硬	挥发分	氰化物	氟离子	砷	六价铬	铅离子	镉离子	汞离子	锰离子	
2.22	11.07	179.8	179.8	0	<0.001	<0.001	0.63	0.01	<0.002	<0.01	<0.001	<0.001	0.11	2007.10.26
1.86	2.06	73.52	73.52	0	<0.001	<0.001	1.08	0.012	<0.002	<0.01	<0.001	<0.001	<0.01	2003.10.24
2.02	3.83	79.67	79.67	0	<0.001	0.003	1	0.02	<0.002	<0.01	<0.001	<0.001	0.34	2005.11.11
2.36	2.61	96.63	96.63	0	<0.001	<0.001	1.04	<0.005	<0.002	<0.01	<0.001	<0.001	<0.01	
1.8	4.11	106.95	106.95	0	<0.001	<0.001	0.6	0.005	0.003	<0.01	<0.001		0.04	
45.66	10.79	242.09	242.09	0	0.024	0.003	0.54	0.06	<0.002	<0.01	<0.002	<0.001	0.3	
1.2	14.8	222.7	222.7	0	<0.001	<0.0008	0.72	0.013	<0.005	<0.008	<0.008	<0.0005	0.02	2002.08.26
0.47	14.55	220.57	220.57	0	<0.001	0.001	0.79	<0.005	<0.002	<0.01	<0.001	<0.001	0.16	2003.10.24
0.67	14.44	262.21	262.21	0	0.001	0.001	0.67	<0.005	<0.002	<0.01	<0.001	<0.001	0.14	
0.72	14.14	266.4	266.4	0	<0.001	0.001	0.69	<0.005	<0.002	<0.01	<0.001	<0.001	0.15	2005.11.11
0.54	13.78	223.63	223.63	0	<0.001	<0.001	0.67	0.008	<0.002	<0.01	<0.001	<0.001	0.2	2006.10.22
	10.24	204.77	204.77	0	<0.001	<0.001	0.71	0.005	<0.002	<0.01	<0.001	<0.001	<0.01	2007.10.26
0.52	12.05	233.94	233.94	0	<0.001	0.001	0.66	<0.005	<0.002	<0.01	<0.001	<0.001	0.01	
1.29	10.64	229.8	229.8	0	<0.001	<0.001	0.72	0.005	<0.002	<0.01	<0.001	<0.001	<0.01	
1.04	7.83	189.35	189.35	0	<0.001	<0.001	0.59	<0.005	<0.002	<0.01	<0.001	<0.001	0.04	
10.6	11.65	201.47	201.47	0			0.43			<0.01			0.08	
37.82	10.43	372.05	372.05	0			0.27			<0.01			0.3	
14.8	7.8	410.4	307.8	102.6	0.001	0.003	0.28	<0.002	<0.005	<0.008	<0.008	<0.0005	0.08	2002.08.26
1.78	5.29	79.91	79.91	0	<0.001	<0.001	1	0.02	<0.002	<0.01	<0.001	0.001	0.01	
2.57	2.43	89.9	89.9	0	<0.001	0.002	1.05	0.007	<0.002	<0.01	<0.001	<0.001	<0.01	2007.10.26
16.9	10.1	210.2	210.2	0	0.008	<0.0008	0.53	0.009	<0.005	<0.008	<0.008	<0.0005	0.04	2002.08.26
12.13	5.89	369.59	291.11	78.48	0.001	0.002	<0.2	0.02	<0.002	<0.01	<0.001	<0.001	0.12	
10.12	10.2	331.14	214.39	116.75	<0.001	<0.001	0.3	<0.005	<0.002	<0.01	<0.001	<0.001	0.02	2005.11.11
6.16	3.53	273.32	273.32	0	<0.001	<0.001	0.23	0.005	<0.002	<0.01	<0.001	<0.001	0.1	2006.10.22
10.29	6.21	264.71	264.71	0	<0.001	<0.001	<0.2	0.007	<0.002	<0.01	<0.001	<0.001	0.02	2007.10.26
6.37	11.65	259.36	259.36	0	0.001	0.001	<0.2	0.005	<0.002	<0.01	<0.001	<0.001	<0.01	
2.67	14.55	337.04	337.04	0	<0.001	<0.001	0.69	0.034	<0.002	<0.01	<0.001	<0.001	<0.01	
0.95	5.02	275.9	275.9	0	<0.001	<0.001	0.61	0.028	<0.002	<0.01	<0.001	<0.001	<0.01	
1.66	11.31	223.77	223.77	0	<0.001	0.001	0.85	<0.005	<0.002	<0.01	<0.001	<0.001	0.01	
1.12	11.92	194.05	194.05	0	<0.001	<0.001	0.89	0.005	<0.002	<0.01	<0.001	<0.001	0.02	
1.14	10.23	200.16	200.16	0	<0.001	<0.001	0.81	0.008	<0.002	<0.01	<0.001	<0.001	<0.01	

续表

点号	年份	pH值	色度	浊度	臭和味	肉眼可见物	阳离子(mg/L) 钾离子	钠离子	钙离子	镁离子	氨氮	三价铁	二价铁	阴离子(mg/L) 氯离子	硫酸根	重碳酸根	碳酸根	硝酸根	亚硝酸根	矿化度	溶解性固体
W6-1	2008	7.62					74.4		118.12	33.35	0.12	0.32	＜0.01	44.74	146.44	462.23	0	＜0.2	＜0.005	889.62	685.5
	2009	7.6					112.31		153.37	40.92	0.14	0.2	＜0.01	86.43	217.6	542.93	0	2.4	0.01	1168.46	897
	2010	7.77					174.5		201.47	57.8	0.06	0.1	＜0.01	147.55	394.6	611.35	0	＜0.2	＜0.005	1598.85	1293.18
B24	2000	8.05					204.33		16.93	40.47	0.16	0.68	＜0.01	99.54	57.3	551.5	0	1.2	0.06	980.57	704.82
	2001	7.72					206.86		17.35	43.31	＜0.02	0.08	＜0.01	90.57	75.84	563.76	0	0.2	＜0.005	1004.42	722.54
	2002	7.9					303.8		43.1	22.5	0.68	0.08		258.8	192.1	363.1	0	＜2.5	0.006	1200	1006
	2003	7.76					266.09		59.9	37.55	0.14	0.12	＜0.01	215.82	219.5	424.39	0	0.8	0.02	1240.21	1028.02
	2004	7.74					198.44		49	44.88	0.08	0.1	＜0.01	130	152.45	477.91	0	4	＜0.005	1074.32	835.36
	2005	7.58					241.71		63.49	41.51	0.08	0.24	＜0.01	162.61	188.28	522.82	0	＜0.2	＜0.005		976.61
	2006	7.63					225.15		59.7	53.1	0.08	0.02	＜0.01	162.85	217.96	484.07	0	2.8	0.04		980.26
	2007	7.63					200.7		95.99	53.36	0.46	0.01	＜0.01	117.02	321.18	483.22	0	＜0.2	0.03		1046.95
	2009	7.57					196.09		94.06	74.41	0.4	0.04	＜0.01	44.03	317.58	700.76	0	0.2	0.1	1442.26	1091.88
	2010	7.6					310.86		45.49	11.82	0.28	0.05	＜0.01	268.12	181.72	327.29	0	1	0.03	1162.4	998.76
B531	2000	8.61					239.54		11.94	15.09	6	0.6	＜0.01	330.68	23.87	145.47	11.91	0.2	0.16	787.16	714.42
	2001	8.62					216.08		14.29	18.57	5	0.26	＜0.01	269.85	26.9	190.93	17.88	0.4	0.53	763.02	667.56
	2002	8.3					206		13	18.2	10	0.404		265.9	56.7	158.6	12	＜2.5	0.19	743.994	642
	2004	10.15					65.34		4.01	2.43	5	0.04	＜0.01	58.71	27.81	5.61	35.73	＜0.2	0.14	207.96	205.16
	2005	9.9					67.32		2.99	2.42	3	0.09	＜0.01	62.11	29.63	21.78	21.42	0.4	0.04		204.18
	2006	9.3					75.49		3.98	2.41	3.75	0.36	＜0.01	78.28	24.32	15.19	26.94	2.8	0.13		227.2
	2007	9.47					188.77		5.99	6.06	7.6	0.17	＜0.01	92.91	33.57	61.94	18.27	1.4	1.65		390.73
	2008	9.2					140.64		6.11	8.64	6	0.08	＜0.01	143.22	68.35	74.93	18.42	5.2	3.75	477.08	436.62
	2009	9.05					151.16		10.22	11.16	10	0.01	＜0.01	198.95	60.77	75.76	12.42	0.8	0.47	531.79	493.91
	2010	7.68					143.7		10.83	2.63	11	0.04	＜0.01	145.75	15.58	191.43	0	0.2	1.9	523.99	428.27
B561	2000	8.08					114.38		10.96	12.08	1	0.35	＜0.01	97.24	26.27	200.02	0	＜0.2	0.04	465.33	365.32
	2001	7.44					99.8		20.4	16.09	0.5	1.2	＜0.01	108.3	31.8	181.84	0	1.7	1.1	466.31	375.39
	2002	7.8					94.8		22	17.6	2	＜0.08		102.8	32.7	195.3	0	＜2.5	0.14	471.42	372
	2004	8.56					99.06		12	6.67	0.4	0.12	＜0.01	87.24	61.33	92.2	5.49	1.4	0.07	371.28	325.18
	2005	7.83					29.83		28.92	10.89	0.36	＜0.01	＜0.01	10.95	53.51	133.82	0	1.6	0.11		207.63
	2006	7.9					159.87		45.77	65.17	3	0.09	＜0.01	84.57	339.58	322.67	0	0.5	0.06		866.96
	2007	7.79					194.97		42	81.27	3.6	0.01	＜0.01	117.02	306.77	470.83	0	1.4	0.72		990.46
	2008	7.74					115.44		148.66	32.11	0.66	0.03	＜0.01	162.93	268.44	299.76	0	0.2	0.05	1047.61	897.72
	2009	8.03					28.79		34.76	11.16	0.04	0.01	＜0.01	26.09	1.96	189.39	0	1	0.01	294.67	199.97
	2010	7.54					303.14		145.14	70.94	3	0.01	＜0.01	152.95	321.91	790.43	0	130	15.8	1946.42	1551.21

COD	可溶性SiO_2	硬度（以碳酸钙计，mg/L）			毒理学指标，mg/L									取样时间
		总硬	暂硬	永硬	挥发分	氰化物	氟离子	砷	六价铬	铅离子	镉离子	汞离子	锰离子	
0.44	9.51	432.27	379.09	53.18	<0.001	0.001	0.29	<0.005	<0.002	<0.01	<0.001	<0.001	0.52	
0.86	11.98	551.51	445.28	106.23	<0.001	<0.001	0.32	0.016	<0.002	<0.01	<0.001	<0.001	0.8	
0.28	11.13	741.15	501.39	239.76	<0.001	<0.001	0.25	0.012	<0.002	<0.01	<0.001	<0.001	0.03	
1.29	7.43	211.42	211.42	0	<0.001	<0.001	0.92	<0.005	<0.002	<0.01	<0.001		0.12	2000.05.25
0.74	5.39	221.7	221.7	0	<0.001	<0.001	0.96	0.005	<0.002	<0.01	<0.001	0.001	0.02	
1.5	15.7	200.2	200.2	0	<0.001	<0.0008	0.68	0.009	<0.005	<0.008	<0.008	<0.0005	<0.02	2002.08.26
1.07	15.03	304.23	304.23	0	0.001	<0.001	0.68	<0.005	<0.002	<0.01	<0.001	<0.001	<0.01	2003.10.24
0.51	16.6	304.66	304.66	0	<0.001	<0.001	0.64	0.005	<0.002	<0.01	<0.001	<0.001	0.05	
0.7	16.5	329.47	329.47	0	<0.001	<0.001	0.61	0.016	0.002	<0.01	<0.001	<0.001	0.17	2005.11.11
1.17	15.8	367.74	367.74	0	<0.001	<0.001	0.57	0.007	<0.002	<0.01	<0.001	<0.001	0.03	2006.10.22
0.89	16.06	459.49	396.31	63.18	<0.001	<0.001	0.47	0.006	<0.002	<0.01	<0.001	<0.001	0.11	2007.10.26
1.03	14.02	541.3	541.3	0	<0.001	<0.001	0.44	<0.005	<0.002	<0.01	<0.001	<0.001	0.6	
0.85	14.67	162.3	162.3	0	<0.001	<0.001	0.96	0.01	<0.002	<0.01	<0.001	<0.001	<0.01	
9.99	1.33	89.54	89.54	0	0.001	<0.001	0.29	<0.005	<0.002	<0.01	<0.001		0.05	2000.06.01
2.16	2.05	112.12	112.12	0	<0.001	0.001	0.27	<0.005	<0.002	<0.01	<0.001	<0.001	<0.01	
3.4	<0.5	107.6	107.6	0	0.001	<0.0008	0.22	<0.002	<0.005	0.01	<0.008	<0.0005	0.22	2002.08.20
1.14	3.13	17.48	17.48	0	0.001	0.001	<0.2	0.005	<0.002	<0.01	0.001	<0.001	0.02	
1.06	3.83	17.43	17.43	0	<0.001	<0.001	<0.2	0.014	<0.002	<0.01	<0.001	<0.001	0.04	2005.11.12
1.61	1.11	19.88	19.88	0	<0.001	<0.001	<0.2	<0.005	<0.002	<0.01	<0.001	<0.001	0.14	2006.10.23
2.48	3.33	39.96	39.96	0	<0.001	0.006	<0.2	<0.005	<0.002	<0.01	<0.001	<0.001	0.09	2007.10.26
2.88	1.67	50.86	50.86	0	0.001	<0.001	<0.2	<0.005	<0.002	<0.01	<0.001	<0.001	<0.01	
1.64	0.07	71.49	71.49	0	<0.001	<0.001	<0.2	0.03	<0.002	<0.01	<0.001	<0.001	0.01	
1.99	0.88	37.87	37.87	0	<0.001	<0.001	<0.2	<0.005	<0.002	<0.01	<0.001	<0.001	0.04	
1.4	2.6	77.1	77.1	0	<0.001	<0.001	0.38	<0.005	<0.002	<0.01	<0.001		0.06	2000.06.01
2.24	2.98	119.77	119.77	0	<0.001	<0.001	0.39	0.014	0.002	<0.01	<0.001	<0.001	0.1	
2	1.5	127.6	127.6	0	<0.001	<0.0008	0.44	<0.002	<0.005	<0.008	<0.008	<0.0005	0.64	2002.08.20
0.98	4.81	54.94	54.94	0	0.001	0.001	0.49	0.022	<0.002	<0.01	0.001	0.001	0.02	
1.54	4.29	117.02	109.75	7.27	<0.001	0.001	0.24	0.016	<0.002	<0.01	<0.001	<0.001	<0.01	2005.11.12
2.49	6.47	382.65	264.64	118.01	<0.001	<0.001	0.37	<0.005	<0.002	<0.01	<0.001	<0.001	0.68	2006.10.23
2.66	6.91	439.52	386.15	53.37	<0.001	0.001	0.34	0.024	<0.002	<0.01	<0.001	<0.001	0.4	2007.10.26
0.44	18.88	503.47	245.87	257.6	<0.001	<0.001	0.33	<0.005	<0.002	<0.01	<0.001	<0.001	<0.01	
1.29	1.19	132.77	132.77	0	<0.001	<0.001	0.23	0.02	<0.002	<0.01	<0.001	<0.001	0.4	
8.04	12.63	654.59	648.26	6.33	<0.001	<0.001	0.35	0.068	<0.002	<0.01	<0.001	<0.001	<0.01	

续表

点号	年份	pH值	色度	浊度	臭和味	肉眼可见物	阳离子(mg/L)						阴离子(mg/L)						矿化度	溶解性固体
							钾离子	钠离子	钙离子	镁离子	氨氮	三价铁	二价铁	氯离子	硫酸根	重碳酸根	碳酸根	硝酸根	亚硝酸根		
B557	2000	7.63						153.96	44.81	33.82	0.1	0.08	<0.01	30.06	95.48	539.36	0	0.4	0.03	910.24	640.56
	2001	7.84						168.84	44.89	32.18	0.04	0.12	<0.01	32.47	105.19	554.67	0	<0.2	<0.005	949.73	672.4
	2002	7.7						143.5	62.1	63.8	<0.01		0.212	30.1	218.5	561.4	0	<2.5	0.012	1093	802
	2003	7.8						177.84	48.74	32.01	0.48	0.3	<0.01	103.05	112.39	460.64	0	<0.2	0.06	950.42	720.1
	2004	7.94						145.77	94.99	68.53	0.04	0.01	<0.01	65.41	245.91	581.28	0	13	<0.005	1227.41	936.77
	2005	7.47						179.45	122.62	81.01	3	0.04	<0.01	73.1	362.72	672.2	0	5	0.96		1176.32
	2006	7.41						178.18	122.38	80.25	0.28	0.34	<0.01	74.68	396.81	614.96	0	0.9	0.03		1175.29
	2007	7.4						175.75	130	84.9	<0.02	0.12	<0.01	86.04	412.24	613.25	0	2	0.09		1212.7
	2008	7.63						199.13	144.59	88.92	0.2	0.18	<0.01	109.19	468.58	630.82	0	0.8	0.01	1658.12	1342.71
	2009	8.06						283.54	40.9	14.88	0.08	0.12	<0.01	244.61	153.89	328.28	0	4	0.13	1086.58	922.44
	2010	7.27						163.81	69.32	55.18	0.03	0.13	<0.01	52.18	197.3	580.47	0	0.8	0.01	1133.37	843.14
GQ19	2000	8.17						632.71	75.69	193.89	<0.02	0.08	<0.01	632.14	1031.2	430.31	0	52	0.04	3063.45	2848.3
	2001	7.6						627.35	76.53	202.98	0.04	0.01	<0.01	657.85	1041.87	424.33	0	34	0.02	3080.34	2868.18
	2002	7.7						603.9	73.1	170.7	<0.01		0.172	568.3	960.6	442.4	0	42.25	0.289	2874	2676
	2003	7.91						590.96	62.95	174.85	0.12	0.56	<0.01	577.02	929.48	434.77	0	28	0.18	2811.55	2594.16
	2004	8.22						618.68	73.01	182.54	0.04	0.34	<0.01	611.44	1001.81	422.01	0	32	0.34	2958.51	2747.5
	2005	7.95						630.11	66.79	180.18	<0.02	0.08	<0.01	590.14	1025.1	441.91	0	17.6	0.04		2745.76
	2006	7.82						639.26	57.71	143.61	<0.02	0.04	<0.01	507.44	636.24	484.07	0	431	0.01		2672.9
	2007	7.71						380.7	38	89.75	<0.02	0.02	<0.01	180.69	517.67	582.31	0	21.2	0.01		1535.06
	2008	8.12						454.73	54.99	122.26	0.06	0.05	<0.01	282.86	732.12	537.16	0	30.4	0.01	2230.69	1962.11
	2009	8.12						459.72	61.35	127.23	<0.02	0.03	<0.01	282.11	792.98	523.99	0	27.2	0.02	2290.87	2028.88
	2010	7.95						286.98	26	40.73	0.02	0.01	<0.01	30.59	321.91	568.12	0	10.8	<0.005	1299.92	1015.86

COD	可溶性SiO$_2$	硬度(以碳酸钙计,mg/L)			毒理学指标,mg/L									取样时间
		总硬	暂硬	永硬	挥发分	氰化物	氟离子	砷	六价铬	铅离子	镉离子	汞离子	锰离子	
0.67	11.25	251.21	251.21	0	0.001	<0.001	0.79	0.005	<0.002	<0.01	<0.001		0.24	2000.05.29
0.42	10.43	247.18	247.18	0	<0.001	<0.001	0.77	<0.005	0.002	<0.01	<0.001	<0.001	0.05	
0.7	13	417.9	417.9	0	<0.001	<0.0008	0.65	0.009	<0.005	<0.008	<0.008	<0.0005	<0.02	2002.08.26
0.23	14.06	248.46	248.46	0	<0.001	<0.001	0.82	<0.005	<0.002	<0.01	<0.001	<0.001	0.12	2003.10.24
0.75	11.91	516.93	476.73	40.2	<0.001	<0.001	0.5	0.014	<0.002	<0.01	<0.001	<0.001	0.24	
1.16	11.83	639.86	551.3	88.56	<0.001	<0.001	0.47	0.026	<0.002	<0.01	<0.001	<0.001	0.01	2005.11.11
0.59	13.32	636.09	504.35	131.74	<0.001	<0.001	0.57	0.01	<0.002	<0.01	<0.001	<0.001	0.8	2006.10.22
0.71	14.4	674.26	502.95	171.31	<0.001	<0.001	0.53	<0.005	<0.002	<0.01	<0.001	<0.001	0.53	2007.10.26
0.61	15.2	727.24	517.37	209.87	<0.001	<0.001	0.48	<0.005	<0.002	<0.01	<0.001	<0.001	0.96	
1.64	15.07	163.41	163.41	0	<0.001	<0.001	1	0.012	<0.002	<0.01	<0.001	<0.001	<0.01	
0.38	13.53	400.33	400.33	0	<0.001	<0.001	0.53	<0.005	<0.002	<0.01	<0.001	<0.001	0.08	
0	14.32	987.43	352.92	634.51	<0.001	<0.001	1	<0.005	0.14	<0.01	<0.001	<0.001	<0.01	
0	14.37	1021.86	348.01	673.85	<0.001	<0.001	0.96	0.005	0.35	<0.01	<0.001	0.001	<0.01	
0.6	12.5	885.8	362.8	523	0.001	<0.0008	1.07	<0.002	0.265	<0.008	<0.008	<0.0005	<0.02	2002.08.20
1.35	11.67	884.81	356.57	528.24	0.001	0.001	0.94	<0.005	0.004	<0.01	<0.001	<0.001	0.01	2003.10.19
2.1	15.4	936.47	346.11	590.36	<0.001	0.04	0.82	0.026	0.1	<0.01	<0.001	<0.001	0.01	
1.06	13.91	908.75	362.43	546.32	<0.001	0.001	0.81	0.014	0.12	<0.01	<0.001	<0.001	0.14	2005.11.13
0.59	14.56	735.48	46.69	688.79	<0.001	<0.001	0.89	0.005	0.18	<0.01	<0.001	<0.001	<0.01	2006.10.21
0.71	14.4	464.49	464.49	0	<0.001	<0.001	1.39	0.006	<0.002	<0.01	<0.001	<0.001	0.01	2007.10.26
0.26	14.73	640.7	440.5	200.2	<0.001	<0.001	1.28	<0.005	0.1	<0.01	<0.001	<0.001	<0.01	
1.12	14.41	679.18	429.75	249.43	<0.001	<0.001	1.28	<0.005	0.24	<0.01	<0.001	<0.001	<0.01	2009
0.04	13.17	232.62	232.62	0	<0.001	<0.001	1.5	<0.005	0.26	<0.01	<0.001	<0.001	<0.01	

第五章 汉 中 市

一、汉中市地下水质监测点基本信息

汉中市地下水质监测点基本信息表

序号	点号	位置	地下水类型	页码
1	1	汉台区种子公司	潜水	
2	4	汉中市地区造纸厂	混合水	
3	9	汉中市一水厂10号井	混合水	
4	13	汉中市通用机械厂	潜水	
5	20	汉中市一水厂20号井	混合水	
6	21	汉中市汉江制药厂	混合水	
7	24	汉中市啤酒厂	混合水	
8	52	汉中市水泥制品厂	潜水	
9	201	汉中市二水厂1号井	承压水	
10	210	汉中市二水厂10号井	混合水	
11	215	汉中市二水厂15号井	承压水	
12	216	汉中市二水厂16号井	混合水	
13	6	汉中市皮革厂6号井	潜水	

二、汉中市地下水质资料

汉中市地下水质资料表

点号	年份	pH值	色度	浊度	臭和味	肉眼可见物	阳离子(mg/L)							阴离子(mg/L)						矿化度	溶解性固体
							钾离子	钠离子	钙离子	镁离子	氨氮	三价铁	二价铁	氯离子	硫酸根	重碳酸根	碳酸根	硝酸根	亚硝酸根		
1	2001	7.6					65.0		108.2	21.9	0.02	<0.080		60.3	73.5	347.8	0	68.12	0.009		636
	2002	7.0					66.8		87.2	27.9	<0.01	<0.080		54.9	64.8	338.6	0	68.50	0.015		598
	2003	7.2					69.6		110.2	24.3	0.01	<0.080		59.2	117.7	329.5	0	62.50	0.003	800.8	636
	2006	7.1	<5.0	<1.0			63.4		95.2	23.9	<0.01	<0.080		54.9	65.8	311.2	0	90.35	0.007	735.6	580
	2007	7.7	<5.0	<1.0			64.3		106.2	20.1	<0.01	<0.080		47.9	79.2	311.2	0	102.05	0.003	749.6	594
	2008	6.9	7.0	2.0			65.2		106.2	24.9	0.01	<0.080		56.7	88.9	320.3	0	92.17	0.004	816.2	656
	2009	6.84					21.8	58.4	105.0	23.3	<0.02	<0.05		52.2	89.4	341	0	76.3	0.0033	815	644
	2010	7.18					21.4	55.4	122.0	27.2	1.23	0.06		52.6	117	376	0	70.3	0.030	800	612
4	2001	7.1					33.4		100.2	18.8	0.02	<0.080		44.3	66.3	292.9	0	35.50	0.007		480
	2002	7.0					35.0		95.2	19.4	<0.01	<0.080		44.3	52.8	305.1	0	32.25	0.038		460
	2003	6.9					39.6		107.2	15.8	0.01	<0.080		45.7	64.8	318.5	0	31.75	0.005	627.3	468
	2007	7.5	5.0	<1.0			35.9		99.2	20.7	<0.01	<0.080		53.2	55.2	283.7	0	56.47	0.014	633.9	492
	2008	6.9	5.0	<1.0			47.1		125.3	19.4	0.06	<0.080		56.7	62.4	390.5	0	37.22	0.004	771.3	576
9	2001	7.0					16.3		97.2	8.5	<0.01	<0.080		35.4	42.3	231.9	0	35.75	0.004		398
	2002	6.9					16.0		80.2	21.9	<0.01	<0.080		34.4	48.0	241.0	0	35.75	0.011		398
	2003	6.8					18.2		103.2	12.2	0.01	<0.080		30.8	52.8	268.5	0	35.50	<0.003	528.3	394
	2008	6.7	5.0	<1.0			18.1		102.2	13.4	0.01	<0.080		37.2	55.2	247.1	0	45.67	0.007	555.6	432
	2009	6.84					2.25	29.1	87.9	15.4	0.14	0.056		26.6	45.4	273	0	25.7	<0.003	535	398
	2010	7.02					2.15	23.4	90.1	17.8	0.14	0.056		24.8	72.5	277	0	23.7	0.04	515	376
13	2001	7.3					12.0		78.2	13.4	<0.01	<0.080		12.4	32.7	259.3	0	15.00	0.004		328
	2002	7.1					15.5		64.1	19.4	<0.01	<0.080		12.4	31.2	259.3	0	13.75	0.015		320
	2003	7.7					16.7		84.2	10.0	0.01	<0.080		11.3	37.0	268.5	0	15.75	0.003	474.3	340
	2006	7.3	<5.0	<1.0			13.1		84.2	14.6	<0.01	<0.080		19.5	43.2	262.4	0	13.64	<0.003	487.2	356
	2007	7.3	5.0	<1.0			10.6		85.2	12.2	<0.01	<0.080		14.2	36.0	262.4	0	16.25	<0.003	451.2	320
	2008	7.0	5.0	1.0			17.2		81.2	11.5	0.01	<0.080		12.4	40.8	265.4	0	12.34	0.011	462.7	330
	2009	6.91					1.57	19.1	80.0	14.0	0.14	<0.05		14.7	36.2	289	0	16.8	<0.003	477	332
	2010	7.14					1.59	13.2	85.6	15.3	0.26	<0.05		10.9	68.4	264	0	11.8	<0.003	455	323
20	2001	7.9					24.4		72.1	5.5	<0.01	<0.080		12.4	30.3	244.1	0	8.25	0.010		312
	2002	7.1					13.2		72.1	17.6	<0.01	<0.080		17.0	36.0	238.0	0	30.50	<0.003		352
	2003	7.0					21.5		72.1	11.3	0.01	<0.080		12.1	39.9	250.2	0	12.00	0.025	431.1	306
	2006	7.3	<5.0	<1.0			14.1		78.2	11.9	<0.01	<0.080		16.0	47.1	219.7	0	28.86	<0.003	447.9	338
	2007	7.8	5.0	<1.0			12.3		74.1	12.8	0.06	<0.080		16.0	45.6	204.4	0	33.27	0.082	402.2	300
	2008	6.9	5.0	<1.0			18.3		77.2	11.5	0.02	<0.080		16.0	48.0	244.1	0	9.02	0.012	466.1	344
	2009	7.00					1.60	15.4	85.8	13.6	0.074	<0.05		21.8	42.6	243	0	37.7	<0.003	488	366
	2010	7.14					2.23	20.8	77.2	16.4	0.22	<0.05		13.4	74.7	253	0	8.93	<0.003	453	326

COD	可溶性SiO$_2$	硬度(以碳酸钙计,mg/L)			毒理学指标,mg/L									取样时间
		总硬	暂硬	永硬	挥发分	氰化物	氟离子	砷	六价铬	铅离子	镉离子	汞离子	锰离子	
0.7	30.3	360.3	285.3	75.0	<0.001	<0.0008	0.15	0.004	<0.005	<0.008	<0.008	<0.0005	<0.02	2001.09.25
0.7	30.5	332.8	277.7	55.1	<0.001	0.0011	0.17	<0.002	<0.005	<0.008	<0.008	<0.0005	<0.02	2002.09.02
0.5	30.0	375.3	270.2	105.1	<0.001	<0.0008	0.19	0.003	<0.005	<0.008	<0.008	<0.0005	<0.02	2003.10.24
1.0	28.7	336.3	255.2	81.1	<0.001	<0.0008	0.17	0.002	<0.005	<0.008	<0.008	<0.0005	<0.02	2006.08.28
0.7	28.0	347.8	255.2	92.6	<0.001	<0.0008	0.17	0.002	<0.005	<0.008	<0.008	<0.0005	0.06	2007.09.28
1.3	27.7	367.8	262.7	105.1	<0.001	<0.0008	0.19	<0.002	<0.005	<0.005	<0.005	<0.0005	<0.02	2008.10.13
0.60	30.5	358	280	78	<0.002	<0.002	<0.10	0.004	<0.01	<0.002	<0.0002	<0.000 04	<0.05	2009.10.31
0.58	29.5	417	308	109	<0.002	<0.002	<0.10	0.0035	<0.01	<0.002	<0.0002	<0.000 04	<0.05	2010.09.21
0.5	26.2	327.8	240.2	87.6	<0.001	<0.0008	0.19	<0.002	<0.005	<0.008	<0.008	<0.0005	<0.02	2001.09.25
1.0	26.2	317.8	250.2	67.6	<0.001	<0.0008	0.13	<0.002	<0.005	<0.008	<0.008	<0.0005	<0.02	2002.09.02
0.7	24.1	332.8	261.2	71.6	<0.001	<0.0008	0.25	<0.002	<0.005	<0.008	<0.008	<0.0005	<0.02	2003.10.24
1.3	25.2	332.8	232.7	100.1	<0.001	<0.0008	0.27	<0.002	<0.005	<0.008	<0.008	<0.0005	<0.02	2007.09.28
1.2	21.7	392.9	320.3	72.6	<0.001	<0.0008	0.26	<0.002	<0.005	<0.005	<0.005	<0.0005	<0.02	2008.10.13
0.8	30.7	277.7	190.2	87.5	<0.001	<0.0008	0.18	<0.002	<0.005	<0.008	<0.008	<0.0005	<0.02	2001.09.25
0.9	29.3	290.3	197.7	92.6	<0.001	<0.0008	0.16	<0.002	<0.005	<0.008	<0.008	<0.0005	<0.02	2002.09.02
0.6	29.2	307.8	220.2	87.6	<0.001	<0.0008	0.21	<0.002	<0.005	<0.008	<0.008	<0.0005	<0.02	2003.10.24
1.2	26.5	310.3	202.7	107.6	<0.001	<0.0008	0.20	<0.002	<0.005	<0.005	<0.005	<0.0005	<0.02	2008.10.13
0.60	29.4	283	224	59	<0.002	<0.002	0.22	<0.0004	<0.01	<0.002	<0.0002	<0.000 04	<0.05	2009.10.31
0.58	27.7	298	227	71	<0.002	<0.002	0.17	<0.0004	<0.01	<0.002	<0.0002	<0.000 04	<0.05	2010.09.21
0.3	24.6	250.2	212.7	37.5	<0.001	<0.0008	0.24	<0.002	<0.005	<0.008	<0.008	<0.0005	<0.02	2001.09.25
0.5	24.1	240.2	212.7	27.5	<0.001	<0.0008	0.20	<0.002	<0.005	<0.008	<0.008	<0.0005	<0.02	2002.09.02
0.5	22.8	251.2	220.2	31.0	<0.001	<0.0008	0.28	<0.002	<0.005	<0.008	<0.008	<0.0005	<0.02	2003.10.24
0.7	21.9	270.2	215.2	55.0	<0.001	<0.0008	0.22	<0.002	<0.005	<0.008	<0.008	<0.0005	<0.02	2006.08.28
0.9	19.2	262.7	215.2	47.5	<0.001	<0.0008	0.21	<0.002	<0.005	<0.008	<0.008	<0.0005	<0.02	2007.09.28
1.1	21.5	250.2	217.7	32.5	<0.001	<0.0008	0.26	<0.002	<0.005	<0.005	<0.005	<0.0005	<0.02	2008.10.13
0.50	24.2	257	237	20	<0.002	<0.002	0.18	<0.0004	<0.01	<0.002	<0.0002	<0.000 04	<0.05	2009.10.31
0.58	24.5	277	217	60	<0.002	<0.002	0.17	<0.0004	<0.01	<0.002	<0.0002	<0.000 04	<0.05	2010.09.21
0.5	27.6	202.7	200.2	2.5	<0.001	<0.0008	0.30	<0.002	<0.005	<0.008	<0.008	<0.0005	<0.02	2001.09.25
0.7	28.6	252.7	195.2	57.5	<0.001	<0.0008	0.15	<0.002	<0.005	<0.008	<0.008	<0.0005	<0.02	2002.09.02
0.5	25.6	226.7	205.2	21.5	<0.001	<0.0008	0.28	<0.002	<0.005	<0.008	<0.008	<0.0005	<0.02	2003.10.24
0.7	24.0	244.2	180.2	64.0	<0.001	<0.0008	0.13	<0.002	<0.005	<0.008	<0.008	<0.0005	<0.02	2006.08.28
1.1	21.2	237.7	167.7	70.0	<0.001	0.0015	0.18	<0.002	<0.005	<0.008	<0.008	<0.0005	<0.02	2007.09.28
1.1	22.6	240.2	200.2	40.0	<0.001	<0.0008	0.22	<0.002	<0.005	<0.005	<0.005	<0.0005	<0.02	2008.10.13
0.60	25.8	270	199	71	<0.002	<0.002	<0.10	<0.0004	<0.01	<0.002	<0.0002	<0.000 04	<0.05	2009.10.31
0.58	27.1	260	208	52	<0.002	<0.002	0.15	<0.0004	<0.01	<0.002	<0.0002	<0.000 04	<0.05	2010.09.21

续表

点号	年份	pH值	色度	浊度	臭和味	肉眼可见物	阳离子(mg/L) 钾离子	钠离子	钙离子	镁离子	氨氮	三价铁	二价铁	阴离子(mg/L) 氯离子	硫酸根	重碳酸根	碳酸根	硝酸根	亚硝酸根	矿化度	溶解性固体
21	2001	7.3					11.2		64.1	10.9	<0.01	<0.080		5.3	13.4	244.1	0	9.75	0.004		260
	2002	7.3					12.9		56.1	13.4	<0.01	<0.080		7.4	4.8	244.1	0	9.25	<0.003		252
	2003	7.1					15.3		59.1	6.7	0.01	<0.080		5.0	9.6	222.7	0	11.00	<0.003	349.4	238
	2006	7.4	<5.0	<1.0			11.5		54.1	10.0	<0.01	0.235		10.6	10.6	204.4	0	10.12	0.008	324.2	222
	2007	7.1	5.0	<1.0			8.4		54.1	9.1	<0.01	<0.080		5.3	7.2	204.4	0	10.33	<0.003	318.2	216
	2008	7.3	5.0	<1.0			10.0		62.1	7.9	0.01	<0.080		7.1	7.2	225.8	0	8.44	<0.003	356.9	244
	2009	6.99					0.99	16.8	59.5	10.8	0.18	<0.05		10.9	7.39	241	0	14.4	0.0033	379	258
	2010	7.16					1.14	19.7	68.4	13.4	0.12	<0.05		6.9	44.8	247	0	9.7	<0.003	398	274
24	2001	7.9					21.6		57.1	15.2	<0.01	<0.080		23.4	32.7	207.5	0	18.50	<0.003		314
	2002	6.9					19.3		79.2	21.3	<0.01	<0.080		23.0	50.4	277.6	0	18.00	0.008		366
	2003	7.2					14.2		79.2	12.2	0.01	<0.080		13.1	31.2	265.4	0	12.25	<0.003	438.7	306
	2006	7.3	<5.0	<1.0			16.3		83.2	11.5	<0.01	<0.080		17.7	24.0	277.6	0	16.14	<0.003	484.8	346
	2007	6.9	5.0	<1.0			29.3		100.2	18.2	<0.01	<0.080		37.2	55.2	305.1	0	35.65	<0.003	626.6	474
	2008	7.0	5.0	<1.0			30.1		106.2	19.4	0.01	<0.080		40.8	57.6	323.4	0	34.64	<0.003	663.7	502
	2009	6.88					1.76	42.5	116.0	18.6	0.14	<0.05		48.0	54.5	350	0	29.4	0.0033	700	525
	2010	7.14					1.81	33.7	125.0	21.0	0.14	<0.05		42.7	89.9	360	0	33.1	<0.003	681	501
52	2001	7.8					18.4		65.1	15.2	<0.01	<0.080		14.2	47.1	210.5	0	29.00	0.023		326
	2002	7.3					42.4		89.2	20.7	<0.01	<0.080		24.8	60.0	314.2	0	55.50	0.024		478
	2003	7.3					35.2		123.2	15.2	0.01	<0.080		45.0	57.6	332.5	0	62.76	0.029	680.3	514
	2006	7.4	<5.0	<1.0			63.0		134.3	17.0	0.06	<0.080		63.8	64.8	277.6	0	194.80	0.004	844.8	706
	2007	7.5	5.0	<1.0			55.8		143.3	14.0	<0.01	<0.080		53.2	69.6	289.8	0	187.68	<0.003	832.9	688
	2008	7.3	5.0	<1.0			51.5		155.3	14.6	0.02	<0.080		54.9	79.2	308.1	0	182.40	<0.003	886.1	732
	2009	7.11					4.41	45.6	152	19.0	0.075	<0.05		66.5	71.3	338	0	162	0.0069	911	742
	2010	7.32					4.17	47.6	167	21.0	0.22	<0.05		62.0	103.3	330	0	190	0.02	896	731
201	2001	7.5					11.4		93.2	20.1	<0.01	<0.080		14.2	20.7	353.9	0	10.25	<0.003		388
	2002	7.1					12.3		87.2	21.3	<0.01	<0.080		13.8	14.4	353.9	0	9.00	0.011		370
	2003	7.6					13.4		82.2	17.4	<0.01	<0.080		13.8	20.7	311.8	0	11.25	<0.003	479.9	324
	2006	7.0	<5.0	<1.0			10.2		92.2	20.9	<0.01	<0.080		16.0	27.4	338.6	0	12.05	<0.003	549.3	380
	2007	7.1	5.0	<1.0			12.8		93.2	19.4	<0.01	<0.080		14.2	19.2	353.9	0	12.91	<0.003	555.0	378
	2008	7.1	5.0	<1.0			14.1		95.2	17.6	0.01	<0.080		12.4	24.0	353.9	0	10.22	<0.003	557.0	380
	2009	6.85					0.80	17.3	83.6	22.90	<0.02	<0.05		8.11	26.6	347	0	14.8	<0.003	550	376
	2010	7.06					0.87	12.3	95.00	24.10	0.14	<0.05		12.20	74.3	328	0	9.3	0.018	536	372

COD	可溶性 SiO_2	硬度(以碳酸钙计,mg/L)			毒理学指标,mg/L									取样时间
		总硬	暂硬	永硬	挥发分	氰化物	氟离子	砷	六价铬	铅离子	镉离子	汞离子	锰离子	
0.3	28.2	205.2	200.2	5.0	<0.001	<0.0008	0.31	<0.002	<0.005	<0.008	<0.008	<0.0005	<0.02	2001.09.25
0.4	29.1	195.2	195.2	0	<0.001	<0.0008	0.25	<0.002	<0.005	<0.008	<0.008	<0.0005	<0.02	2002.09.02
0.4	27.8	175.2	175.2	0	<0.001	<0.0008	0.35	<0.002	<0.005	<0.008	<0.008	<0.0005	0.08	2003.10.24
0.8	25.6	176.2	167.7	8.5	<0.001	<0.0008	0.27	<0.002	<0.005	<0.008	<0.008	<0.0005	<0.02	2006.08.28
0.6	25.4	172.7	167.7	5.0	<0.001	<0.0008	0.28	<0.002	<0.005	<0.008	<0.008	<0.0005	<0.02	2007.09.28
1.4	26.4	187.7	185.2	2.5	<0.001	<0.0008	0.31	<0.002	<0.005	<0.005	<0.005	<0.0005	<0.02	2008.10.13
1.10	30.0	193	193	0	<0.002	<0.002	0.22	<0.0004	<0.01	<0.002	<0.0002	<0.000 04	<0.05	2009.10.31
0.58	29.0	226	203	23	<0.002	<0.002	0.19	<0.0004	<0.01	<0.002	<0.0002	<0.000 04	<0.05	2010.09.21
0.4	31.8	205.2	170.2	35.0	<0.001	<0.0008	0.28	<0.002	<0.005	<0.008	<0.008	<0.0005	<0.02	2001.09.25
0.6	30.8	285.3	227.7	57.6	<0.001	<0.0008	0.22	<0.002	<0.005	<0.008	<0.008	<0.0005	<0.02	2002.09.02
0.4	29.5	247.7	217.7	30.0	<0.001	<0.0008	0.28	<0.002	<0.005	<0.008	<0.008	<0.0005	<0.02	2003.10.24
0.7	29.3	255.2	227.7	27.5	<0.001	<0.0008	0.26	<0.002	0.015	<0.008	<0.008	<0.0005	<0.02	2006.08.28
0.9	20.2	325.3	250.2	75.1	<0.001	<0.0008	0.24	<0.002	<0.005	<0.008	<0.008	<0.0005	<0.02	2007.09.28
0.9	21.1	345.3	265.2	80.1	<0.001	<0.0008	0.28	<0.002	<0.005	<0.005	<0.005	0.0097	<0.02	2008.10.13
0.70	22.9	366	287	79	<0.002	<0.002	0.21	<0.0004	<0.01	<0.002	<0.0002	<0.000 04	<0.05	2009.10.31
0.58	25.8	399	295	104	<0.002	<0.002	0.17	<0.0004	<0.01	<0.002	<0.0002	<0.000 04	<0.05	2010.09.21
0.7	17.5	225.2	172.7	52.5	<0.001	<0.0008	0.20	<0.002	<0.005	<0.008	<0.008	<0.0005	<0.02	2001.09.25
0.9	18.1	307.8	257.7	50.1	<0.001	<0.0008	0.20	<0.002	<0.005	<0.008	<0.008	<0.0005	<0.02	2002.09.02
0.5	18.6	370.3	272.7	97.6	<0.001	<0.0008	0.26	<0.002	<0.005	<0.008	<0.008	<0.0005	<0.02	2003.10.24
0.8	17.4	405.4	227.7	177.7	<0.001	<0.0008	0.16	<0.002	<0.005	<0.008	<0.008	<0.0005	<0.02	2006.08.28
0.6	16.5	415.4	237.7	177.7	<0.001	<0.0008	0.23	<0.002	<0.005	<0.008	<0.008	<0.0005	<0.02	2007.09.28
0.8	17.0	447.9	252.7	195.2	<0.001	<0.0008	0.21	<0.002	<0.005	<0.005	<0.005	<0.0005	<0.02	2008.10.13
0.60	19.1	458	277	181	<0.002	<0.002	0.12	<0.0004	<0.01	<0.002	<0.0002	<0.000 04	<0.05	2009.10.31
0.66	18.7	503	271	232	<0.002	<0.002	0.12	<0.0004	<0.01	<0.002	<0.0002	<0.000 04	<0.05	2010.09.21
0.5	26.0	315.3	290.3	25.0	<0.001	<0.0008	0.26	<0.002	<0.005	<0.008	<0.008	<0.0005	<0.02	2001.09.25
0.9	27.8	305.3	290.3	15.0	<0.001	<0.0008	0.30	<0.002	<0.005	<0.008	<0.008	<0.0005	<0.02	2002.09.02
0.7	25.4	276.7	255.7	21.0	<0.001	<0.0008	0.33	<0.002	<0.005	<0.008	<0.008	<0.0005	<0.02	2003.10.24
0.8	25.4	316.3	277.7	38.6	<0.001	<0.0008	0.32	<0.002	<0.005	<0.008	<0.008	<0.0005	<0.02	2006.08.28
0.9	24.6	312.8	290.3	22.5	<0.001	<0.0008	0.28	<0.002	<0.005	<0.008	<0.008	<0.0005	<0.02	2007.09.28
1.0	26.4	310.3	290.3	20.0	<0.001	<0.0008	0.34	<0.002	<0.005	<0.005	<0.005	0.0017	<0.02	2008.10.13
0.60	25.9	303	285	18	<0.002	<0.002	0.33	<0.0004	<0.01	<0.002	<0.0002	<0.000 04	<0.05	2009.10.31
0.58	30.3	336	269	67	<0.002	<0.002	0.23	0.000 73	<0.01	<0.002	<0.0002	<0.000 04	<0.05	2010.09.21

续表

点号	年份	pH值	色度	浊度	臭和味	肉眼可见物	阳离子(mg/L)							阴离子(mg/L)						矿化度	溶解性固体
							钾离子	钠离子	钙离子	镁离子	氨氮	三价铁	二价铁	氯离子	硫酸根	重碳酸根	碳酸根	硝酸根	亚硝酸根		
210	2001	7.7					78.9		33.1	1.8	<0.01	<0.080		17.7	54.3	216.6	0	3.25	<0.003		302
	2002	7.9					32.5		63.1	10.9	<0.01	<0.080		19.5	0	289.8	0	10	0.008		324
	2003	7.1					47.3		54.1	6.7	0.01	<0.080		16.0	40.8	238.0	0	6.50	<0.003	427.0	308
	2006	7.1	<5.0	<1.0			50.5		54.1	4.9	0.04	<0.080		17.7	33.6	244.1	0	6.15	<0.003	414.1	292
	2007	7.1	5.0	<1.0			32.7		67.1	12.8	<0.01	<0.080		16.0	40.8	265.4	0	10.53	0.014	460.7	328
	2008	7.1	5.0	<1.0			46.9		58.1	4.9	0.01	<0.080		14.2	36.0	250.2	0	5.58	0.003	423.1	298
	2009	7.26					0.96	64.2	46.90	8.74	<0.02	<0.05		10.8	35.1	279	0	12.6	<0.003	472	332
	2010	7.37					0.97	61.7	44.80	9.12	0.13	0.19		15.0	71	224	0	5.26	0.01	430	318
215	2001	8.1					61.1		40.1	1.8	<0.01	<0.080		16.0	35.1	210.5	3.0	4.75	0.009		284
	2002	7.5					71.3		26.1	3.0	<0.01	<0.080		19.5	33.6	207.5	0	<2.50	0.020		290
	2003	8.0					64.4		36.1	2.7	0.01	0.168		17.7	39.4	204.4	3.0	3.75	0.007	382.2	280
	2006	7.3	<5.0	<1.0			61.0		34.1	1.8	<0.01	<0.080		17.7	31.2	204.4	0	<2.50	<0.003	356.2	254
	2007	7.9	5.0	<1.0			57.5		27.1	2.4	<0.01	<0.080		16.0	31.2	177.0	0	3.04	<0.003	332.5	244
	2008	7.3	5.0	<1.0			65.0		35.1	4.3	0.01	<0.080		14.2	26.4	238.0	0	4.72	<0.003	411.0	292
	2009	7.26					1.06	70.9	48.50	7.60	<0.02	<0.05		19.0	36.2	276	0	19.3	<0.003	483	345
	2010	7.53					0.80	76.8	29.50	9.81	0.15	<0.05		17.0	75.9	201	0	3.5	<0.003	401	300
216	2001	7.3					57.5		42.1	3.6	0.01	<0.080		14.2	25.5	238.0	0	4.50	<0.003		296
	2002	7.7					84.0		17.0	1.2	<0.01	<0.080		21.3	40.8	192.2	0	<2.50	0.015		286
	2003	7.3					65.4		35.1	3.0	0.01	<0.080		17.4	43.2	207.5	0	3.25	<0.003	379.8	276
	2006	7.3	<5.0	<1.0			56.3		36.1	2.4	0.04	<0.080		17.7	31.2	201.4	0	<2.50	<0.003	360.7	260
	2007	7.5	5.0	<1.0			58.3		33.1	1.8	<0.01	<0.080		14.2	19.2	210.5	0	5.36	<0.003	373.3	268
	2008	7.2	5.0	<1.0			67.8		35.1	3.6	0.01	<0.080		17.7	33.6	225.8	0	5.98	<0.003	414.9	302
	2009	6.81					1.74	31.2	88.6	16.3	0.11	<0.05		31.8	40.9	292	0	29.4	<0.003	563	417
	2010	7.72					0.80	80.8	27.9	4.6	0.20	0.076		17.2	81.6	186	0	5.8	0.010	398	305
6	2009	6.66					3.99	44.1	144	25.1	0.11	<0.05		81.7	83.2	300	0	140	<0.003	873	723
	2010	6.87					4.18	45.3	159	28.8	0.14	<0.05		83.6	126.5	309	0	157	<0.003	923	768

COD	可溶性 SiO_2	硬度(以碳酸钙计,mg/L)			毒理学指标,mg/L									取样时间
		总硬	暂硬	永硬	挥发分	氰化物	氟离子	砷	六价铬	铅离子	镉离子	汞离子	锰离子	
0.3	18.2	92.6	92.6	0	<0.001	<0.0008	4.75	<0.002	<0.005	<0.008	<0.008	<0.0005	<0.02	2001.09.25
0.5	26.8	202.7	202.7	0	<0.001	<0.0008	0.38	<0.002	<0.005	<0.008	<0.008	<0.0005	<0.02	2002.09.02
0.5	21.8	162.6	162.6	0	<0.001	<0.0008	1.66	<0.002	<0.005	<0.008	<0.008	<0.0005	<0.02	2003.10.24
0.9	20.9	155.1	155.1	0	<0.001	<0.0008	1.78	0.004	<0.005	<0.008	<0.008	<0.0005	<0.02	2006.08.28
0.6	22.1	220.2	217.7	2.5	<0.001	0.0021	0.20	<0.002	<0.005	<0.008	<0.008	<0.0005	<0.02	2007.09.28
1.0	18.2	165.1	165.1	0	<0.001	<0.0008	2.04	<0.002	<0.005	<0.005	<0.005	<0.0005	<0.02	2008.10.13
0.40	22.0	153	153	0	<0.002	<0.002	1.70	0.0032	<0.01	<0.002	<0.0002	<0.000 04	<0.05	2009.10.31
0.49	24.7	149	149	0	<0.002	<0.002	1.78	0.000 56	<0.01	<0.002	<0.0002	<0.000 04	<0.05	2010.09.21
0.5	19.8	107.6	107.6	0	<0.001	<0.0008	3.80	<0.002	<0.005	<0.008	<0.008	<0.0005	<0.02	2001.09.25
0.6	16.7	77.6	77.6	0	<0.001	<0.0008	4.25	<0.002	<0.005	<0.008	<0.008	<0.0005	<0.02	2002.09.02
0.6	16.4	101.1	101.1	0	<0.001	<0.0008	3.47	<0.002	<0.005	<0.008	<0.008	<0.0005	<0.02	2003.10.24
0.9	16.2	92.6	92.6	0	<0.001	<0.0008	3.47	<0.002	<0.005	<0.008	<0.008	<0.0005	<0.02	2006.08.28
0.5	14.0	77.6	77.6	0	<0.001	<0.0008	3.31	<0.002	<0.005	<0.008	<0.008	<0.0005	0.30	2007.09.28
0.9	15.9	105.1	105.1	0	<0.001	<0.0008	2.74	<0.002	<0.005	<0.005	<0.005	0.0060	<0.02	2008.10.13
0.50	19.4	152	152	0	<0.002	<0.002	2.80	0.0032	<0.01	<0.002	<0.0002	<0.000 04	<0.05	2009.10.31
0.58	19.1	114	114	0	<0.002	<0.002	3.54	0.0032	<0.01	<0.002	<0.0002	<0.000 04	<0.05	2010.09.21
0.4	18.5	120.1	120.1	0	<0.001	<0.0008	3.89	<0.002	<0.005	<0.008	<0.008	<0.0005	<0.02	2001.09.25
0.5	15.3	47.5	47.5	0	<0.001	<0.0008	4.88	<0.002	<0.005	<0.008	<0.008	<0.0005	<0.02	2002.09.02
0.5	16.2	100.1	100.1	0	<0.001	<0.0008	3.47	<0.002	<0.005	<0.008	<0.008	<0.0005	<0.02	2003.10.24
1.0	16.0	100.1	100.1	0	<0.001	<0.0008	3.23	0.003	<0.005	<0.008	<0.008	<0.0005	<0.02	2006.08.28
0.8	15.5	90.1	90.1	0	<0.001	<0.0008	2.69	<0.002	<0.005	<0.008	<0.008	<0.0005	0.16	2007.09.28
0.6	18.3	102.6	102.6	0	<0.001	<0.0008	2.88	<0.002	<0.005	<0.005	<0.005	<0.0005	<0.02	2008.10.13
0.70	23.2	288	239	49	<0.002	<0.002	0.34	<0.0004	<0.01	<0.002	<0.0002	<0.000 04	<0.05	2009.10.31
0.58	19.2	89	89	0	<0.002	<0.002	3.57	0.000 75	<0.01	<0.002	<0.0002	<0.000 04	<0.05	2010.09.21
0.50	27.5	463	246	217	<0.002	<0.002	<0.10	<0.0004	<0.01	<0.002	<0.0002	<0.000 04	<0.05	2009.10.31
0.66	30.5	516	253	263	<0.002	<0.002	0.11	<0.0004	<0.01	<0.002	<0.0002	<0.000 04	<0.05	2010.09.21

第六章 安 康 市

一、安康市地下水质监测点基本信息

安康市地下水质监测点基本信息表

序号	点号	位置	地下水类型	页码
1	D3	安康市恒口镇史家院子	潜水	
2	D4	安康市汉滨区五里镇老街(李家院子)	潜水	
3	D7	安康市汉滨区江北化工厂	潜水	
4	D9	安康市林业特产局院内	潜水	
5	D15	安康市金堂寺北	潜水	

二、安康市地下水质资料

安康市地下水质资料表

点号	年份	pH值	色度	浊度	臭和味	肉眼可见物	阳离子(mg/L)							阴离子(mg/L)						矿化度	溶解性固体
							钾离子	钠离子	钙离子	镁离子	氨氮	三价铁	二价铁	氯离子	硫酸根	重碳酸根	碳酸根	硝酸根	亚硝酸根		
D3	2003	7.4					130.7		117.2	18.2	0.04	<0.080		60.3	194.5	269.7	0	177.50	0.016	964.9	830
	2004	7.38					17.8	45.6	140	18.4	<0.01	<0.08		55.8	123	352	0	64.4	<0.001		763
	2005	7					87.0	56.2	93.0	14.6	<0.01	<0.08		38.1	137	346	0	57.6	<0.001		786
	2006	6.9	5.0	<1.0			58.8		117.2	24.3	0.36	<0.080		56.7	132.1	323.4	0	48.03	0.007	765.7	604
	2007	7.1	5.0	<1.0			97.8		54.1	12.2	0.06	<0.080		28.4	129.7	210.5	0	62.43	0.016	627.3	522
	2008	6.9	5.0	<1.0		微量沉淀	65.3		143.3	23.1	<0.01	<0.080		70.9	141.7	320.3	0	104.84	<0.003	904.2	744
	2009	7.2	5.0	<1.0			28.7	95.1	54.1	14.0	0.04	<0.080		39.0	98.5	259.3	0	64.93	0.009	675.7	546
	2010	7.1	<5.0	<1.0		少量沉淀	145.5		112.2	20.7	0.04	<0.080		69.8	225.7	271.5	0	155.25	0.079	1049.8	914
D4	2009	7.0	5.0	<1.0			11.8	61.1	110.2	41.3	0.02	<0.080		72.7	139.3	350.9	0	75.66	0.005	901.5	726
	2010	7.2	<5.0	<1.0			104.4		116.2	30.4	0.04	<0.080		59.2	211.3	332.5	0	81.98	0.015	928.3	762
D7	2009	7.4	7.0	1.0		少量沉淀	7.1	26.6	44.1	47.4	0.80	0.154		143.6	24.0	177.0	0	<2.50	0.092	478.5	390
	2010	7.1	<5.0	<1.0		大量沉淀	50.8		85.2	44.4	0.20	<0.080		185.4	12.0	283.1	0	<2.50	0.034	683.6	542
D9	2003	7.4					27.2		68.1	17.6	1.70	0.128		17.7	50.4	279.5	0	<2.5	0.140	453.8	314
	2004	7.44					2.23	22.1	63.7	18.8	<0.01	<0.08		12.3	44.0	270	0	3.02	<0.001		338
	2005	7.21					2.62	20.8	53.1	20.3	<0.01	0.90		8.97	35.5	265	0	1.17	<0.001		370
	2006	7.4	8.0	<1.0		微量沉淀	27.0		60.1	10.9	0.56	<0.080		16.0	19.2	259.3	0	<2.50	0.240	405.7	276
	2007	7.5	7.0	2.0		少量沉淀	13.4		48.1	17.0	0.28	<0.080		12.4	16.8	225.8	0	<2.50	0.009	348.9	236
	2008	7.5	8.0	3.0		少量沉淀	22.3		48.1	10.3	0.22	0.318		8.9	36.0	198.3	0	<2.50	<0.003	327.2	228
	2009	7.5	5.0	2.0		微量沉淀	3.6	18.1	34.1	13.4	0.40	0.246		10.6	33.6	167.8	0	<2.50	0.037	283.9	200
	2010	7.5	<5.0	<1.0		少量沉淀	26.5		25.1	6.7	0.16	<0.080		12.4	36.0	113.5	0	<2.50	0.014	218.8	162
D15	2003	7.1					41.3		144.3	23.1	0.08	<0.080		75.5	91.3	207.5	0	215.00	0.124	799.8	696
	2004	7.46					2.36	39.1	200	41.9	<0.01	<0.08		106	170	362	0	166	0.15		1076
	2005	7.52					3.77	36.5	177	29.6	<0.01	<0.08		64.7	116	326	0	206	0.11		1035
	2006	7.1	5.0	<1.0			40.9		209.4	48.6	0.08	<0.080		127.6	223.3	360.0	0	129.17	0.027	1140.0	960
	2007	6.9	5.0	<1.0			73.6		195.4	41.9	0.02	<0.080		132.9	151.3	347.8	0	235.66	0.019	1221.9	1048
	2008	7.5	6.0	1.0			53.6		176.4	31.6	0.10	<0.080		92.2	160.9	292.9	0	185.15	0.098	1050.5	904
	2009	7.0	5.0	<1.0			16.7	40.9	183.4	44.4	0.04	<0.080		102.8	175.3	363.1	0	158.28	0.027	1145.6	964
	2010	7.3	<5.0	<1.0			51.2		182.4	36.5	0.02	<0.080		100.3	120.1	335.6	0	216.84	0.007	1093.8	926

COD	可溶性 SiO_2	硬度(以碳酸钙计,mg/L)			毒理学指标,mg/L									取样时间
		总硬	暂硬	永硬	挥发分	氰化物	氟离子	砷	六价铬	铅离子	镉离子	汞离子	锰离子	
1.4	28.8	367.8	221.2	146.6	＜0.001	＜0.0008	0.32	0.006	＜0.005	＜0.008	＜0.008	＜0.0005	0.06	2003.09.26
0.66	21.00	471.0	289.0	182.0	＜0.001	＜0.0008	0.21	0.0012	＜0.010	＜0.005	＜0.0005	0.000 04	＜0.05	2004.09.03
0.54	27.30	292.2	292.2	0	＜0.001	＜0.002	0.10	0.0008	＜0.010	＜0.005	＜0.0005	0.000 05	＜0.05	2005.10.12
1.2	18.4	392.9	265.2	127.7	＜0.001	＜0.0008	0.25	＜0.002	＜0.005	＜0.008	＜0.008	＜0.0005	＜0.02	2006.09.05
1.5	22.3	185.2	172.7	12.5	＜0.001	＜0.0008	0.38	0.006	＜0.005	＜0.008	＜0.008	＜0.0005	＜0.02	2007.08.29
1.3	18.5	452.9	262.7	190.2	＜0.001	＜0.0008	0.32	＜0.002	＜0.005	＜0.005	＜0.005	＜0.0005	＜0.02	2008.09.25
0.9	20.2	192.7	192.7	0	＜0.001	＜0.0008	0.44	0.006	＜0.005	＜0.005	＜0.005	＜0.0005	＜0.02	2009.09.16
1.5	26.2	365.3	222.7	142.6	＜0.001	＜0.0008	0.36	0.003	0.006	＜0.001	＜0.0005	＜0.000 05	＜0.05	2010.09.30
0.6	15.9	445.4	287.8	157.6	＜0.001	＜0.0008	0.48	＜0.002	＜0.005	＜0.005	＜0.005	＜0.0005	＜0.02	2009.09.16
0.8	15.8	415.4	272.7	142.7	＜0.001	＜0.0008	0.44	＜0.001	＜0.005	＜0.001	＜0.0005	＜0.000 05	＜0.05	2010.09.30
1.9	0.6	305.3	145.1	160.2	＜0.001	＜0.0008	0.21	＜0.002	＜0.005	＜0.005	＜0.005	＜0.0005	0.40	2009.09.16
4.5	3.7	395.4	232.2	163.2	0.001	＜0.0008	0.35	＜0.001	＜0.005	＜0.001	＜0.0005	0.000 17	0.59	2010.09.30
1.5	7.6	242.7	229.2	13.5	＜0.001	＜0.0008	0.27	＜0.002	＜0.005	＜0.008	＜0.008	＜0.0005	1.80	2003.09.26
1.30	10.90	237.0	235.0	2.0	＜0.001	＜0.0008	0.20	0.0003	＜0.010	＜0.005	＜0.0005	0.000 04	0.51	2004.09.03
0.80	3.82	216.1	216.1	0	＜0.001	＜0.002	0.11	0.0005	＜0.010	＜0.005	＜0.0005	0.000 08	1.80	2005.10.10
1.3	5.0	195.2	195.2	0	0.002	＜0.0008	0.17	＜0.002	＜0.005	＜0.008	＜0.008	＜0.0005	0.30	2006.09.05
1.4	2.0	190.2	185.2	5.0	＜0.001	＜0.0008	0.27	＜0.002	＜0.005	＜0.008	＜0.008	＜0.0005	＜0.02	2007.08.29
1.6	2.5	162.6	162.6	0	＜0.001	＜0.0008	0.29	＜0.002	＜0.005	＜0.005	＜0.005	＜0.0005	0.36	2008.09.25
1.4	1.5	140.1	137.6	2.5	＜0.001	＜0.0008	0.18	＜0.002	＜0.005	＜0.005	＜0.005	＜0.0005	0.32	2009.09.16
1.0	0	90.1	90.1	0	0.001	＜0.0008	0.17	＜0.001	＜0.005	＜0.001	＜0.005	＜0.000 05	0.51	2010.09.30
2.1	13.8	455.4	170.2	285.2	＜0.001	＜0.0008	0.30	＜0.002	0.013	＜0.008	＜0.008	＜0.0005	0.04	2003.09.26
1.80	17.90	673.0	294.0	379.0	＜0.001	＜0.0008	0.22	0.0008	＜0.010	＜0.005	＜0.0005	0.000 05	＜0.05	2004.09.03
1.43	14.20	563.7	267.4	297.3	＜0.001	＜0.002	0.09	0.0009	＜0.010	＜0.005	＜0.0005	0.000 06	＜0.05	2005.10.10
1.0	17.7	723.2	295.3	427.9	＜0.001	＜0.0008	0.24	＜0.002	0.019	＜0.008	＜0.008	＜0.0005	＜0.02	2006.09.05
1.4	15.5	660.6	285.3	375.3	＜0.001	＜0.0008	0.33	＜0.002	0.010	＜0.008	＜0.008	＜0.0005	＜0.02	2007.08.29
1.3	12.4	570.5	240.2	330.3	＜0.001	＜0.0008	0.32	＜0.002	0.023	＜0.005	＜0.005	＜0.0005	＜0.02	2008.09.25
0.9	16.5	640.6	297.8	342.8	＜0.001	＜0.0008	0.32	＜0.002	＜0.005	＜0.005	＜0.005	＜0.0005	0.04	2009.09.16
1.1	18.5	605.5	275.2	330.3	＜0.001	＜0.0008	0.28	＜0.001	0.015	＜0.001	＜0.0005	0.000 17	＜0.05	2010.09.30

第七章 榆 林 市

一、榆林市地下水质监测点基本信息

榆林市地下水质监测点基本信息表

序号	点号	位置	地下水类型	页码
1	Y3	榆林市公安干校	潜水	
2	Y10	榆林市皮革厂	潜水	
3	Y6	榆林市粮油食品厂	潜水	

二、榆林市地下水质资料

榆林市地下水质资料表

点号	年份	pH值	色度	浊度	臭和味	肉眼可见物	阳离子(mg/L)							阴离子(mg/L)						矿化度	溶解性固体
							钾离子	钠离子	钙离子	镁离子	氨氮	三价铁	二价铁	氯离子	硫酸根	重碳酸根	碳酸根	硝酸根	亚硝酸根		
Y3	2003	8.2						279.8	6	1.8	0.06		0.156	169.5	161.4	263.6	4.8	<2.50	0.3	899.8	768
Y10	2003	7.9						248.1	39.1	73.5	0.02		<0.08	118.8	207.5	617.5	0	61.9	0.005	1383	1074
Y6	2003	7.9						174.8	26.1	32.2	0.08		0.296	79.8	145.1	384.4	0	<2.5	0.014	828.2	636

COD	可溶性SiO₂	硬度(以碳酸钙计,mg/L)			毒理学指标,mg/L									取样时间
		总硬	暂硬	永硬	挥发分	氰化物	氟离子	砷	六价铬	铅离子	镉离子	汞离子	锰离子	
1	13.5	22.5	22.5	0	<0.001	<0.0008	0.34	<0.002	<0.005	<0.008	<0.008	<0.0005	0.12	2003.12.15
0.8	15.9	400.4	400.4	0	<0.001	<0.0008	0.54	<0.002	<0.005	<0.008	<0.008	<0.0008	<0.02	2003.11.06
1	12.5	197.7	197.7	0	<0.001	<0.0008	0.42	<0.002	<0.005	<0.008	<0.008	<0.0005	<0.02	2003.11.06

第八章 铜 川 市

一、铜川市地下水质监测点基本信息

铜川市地下水质监测点基本信息表

序号	点号	位置	地下水类型	页码
1	地观 2 下	铜川市耀州区寺沟乡阴家河东	承压水	
2	地观 2 上	铜川市耀州区寺沟乡阴家河东	潜水	
3	地观 7 上	铜川市耀州区城西北	潜水	

二、铜川市地下水质资料

铜川市地下水质资料表

点号	年份	pH值	色度	浊度	臭和味	肉眼可见物	阳离子(mg/L)							阴离子(mg/L)						矿化度	溶解性固体
							钾离子	钠离子	钙离子	镁离子	氨氮	三价铁	二价铁	氯离子	硫酸根	重碳酸根	碳酸根	硝酸根	亚硝酸根		
地观2下	2002	7.5	<5.0	1			56.9		49.1	20.7	0.06	<0.08		17.7	48	292.9	0	20	0.231		358
	2003	7.7					70.7		43.7	19.1	0.01	<0.08		11.3	38.4	323.4	0	25	<0.003	525.7	364
	2004	7.5		<1.0			33.9		84.6	17.1	<0.01	<0.08		16	92.7	228.8	0	60.5	<0.003	564.4	450
	2005	7.5	<5.0	<1.0			43.2		60.1	23.1	<0.01	<0.08		14.2	57.6	286.8	0	29.75	<0.003	549.4	406
	2006	7.6	<5.0	<1.0			42.7		75.2	24.3	<0.01	<0.08		21.3	81.7	250.2	0	74.73	<0.003	567.1	442
	2007	7.6	<5.0	<1.0			41.1		76.2	41.9	0.02	<0.08		17.7	69.6	311.2	0	123.38	0.01	711.6	556
	2008	7.5	<5.0	<0.5			57		80.2	38.9	0.04	<0.08		14.2	72	295.9	0	181.82	<0.003	733	585
	2009	7.5									0.02	<0.08		14.2	50.4			73.79	<0.003		442
	2010	7.8	<5.0	<1.0			66		80.2	31	0.02	<0.08		19.5	55.2	337.4	0	136.31	<0.003	730.7	562
地观2上	2002	7.7	<5.0	1			40.7		63.1	20.1	0.04	<0.08		21.3	60	262.4	0	26.25	0.021		372
	2003	7.6					38.2		63.5	23.5	0.01	<0.08		20.6	72	257.5	0	28.62	<0.003	512.8	384
	2004	7.7		<1.0			37		66.1	20.1	<0.01	<0.08		21.3	67.2	250.2	0	28.5	<0.003	513.1	388
	2005	7.4	<5.0	<1.0			45.4		59.1	22.5	<0.01	<0.08		16	52.8	289.8	0	29.25	<0.003	540.9	396
	2006	7.7	<5.0	<1.0			39.9		63.1	20.1	<0.01	<0.08		17.7	57.6	268.5	0	27.04	<0.003	486.3	352
	2007	7.7	<5.0	<1.0			27.7		76.2	18.2	0.02	<0.08		21.3	69.6	241	0	31.36	<0.003	504.5	384
	2008	7.5	<5.0	<0.5			27.6		66.1	24.9	0.02	<0.08		26.6	72	238	0	24.92	<0.003	515	396
	2009	7.6									0.02	<0.08		23	67.2			26.66	<0.003		396
	2010	7.7	<5.0	<1.0			52.2		78.2	25.5	0.02	<0.08		34.7	96.1	280.1	0	43.47	<0.003	630.1	490
地观7上	2002	7.5	<5.0	1			68.6		49.1	25.5	<0.01	<0.08		19.5	48	335.6	0	30	0.005		420
	2003	8					66.9		51.1	25.3	0.01	<0.08		17.7	56.7	324.6	1.8	29.75	<0.003	572.3	410
	2004	7.6		<1.0			52.4		66.1	16.7	<0.01	<0.08		14.2	64.8	283.7	0	34	0.003	547.9	406
	2005	7.5	<5.0	<1.0			65		54.1	25.5	<0.01	<0.08		14.2	50.4	335.6	0	42	<0.003	597.8	430
	2006	7.7	<5.0	<1.0			52		73.1	22.5	<0.01	<0.08		16	48	360	0	25.57	<0.003	614	434
	2007	7.6	<5.0	<1.0			54		62.1	28	0.04	<0.08		17.7	52.8	335.6	0	40.25	0.012	583.8	416
	2008	7.9	<5.0	<0.5			90.7		66.1	31.6	0.02	<0.08		21.3	57.6	329.5	0	164.02	0.008	748.8	584
	2009	7.5									0.02	<0.08		19.5	57.6			68.56	<0.003		526
	2010	7.9	<5.0	<1.0			44		116.2	18.2	0.02	<0.08		23.8	88.9	274.6	0	135.98	<0.003	739.3	602

COD	可溶性SiO$_2$	硬度(以碳酸钙计,mg/L)			毒理学指标,mg/L								取样时间
		总硬	暂硬	永硬	挥发分	氰化物	氟离子	砷	六价铬	铅离子	镉离子	汞离子	锰离子	
1.2	14.2	207.7	207.7	0	<0.002	<0.0008	0.34	<0.002	0.01	<0.008	<0.008	<0.0005	<0.02	2002.07.02
0.4	13.8	187.1	187.1	0	<0.001	<0.0008	0.52	<0.002	0.021	<0.008	<0.008	<0.0005	<0.02	2003.10.28
1.3	10.6	281.8	187.7	94.1	<0.001	<0.0008	0.41	<0.002	<0.005	<0.008	<0.008	<0.0005	<0.02	2004.08.17
0.6	11.6	245.2	235.2	10	<0.001	<0.0008	0.36	<0.002	0.022	<0.008	<0.008	<0.0005	0.04	2005.10.10
0.8	11.7	287.8	205.2	82.6	<0.001	<0.0008	0.37	<0.002	0.014	<0.008	<0.008	<0.0005	<0.02	2006.09.06
1.1	11.3	362.8	255.2	107.6	<0.001	<0.0008	0.41	<0.002	<0.005	<0.008	<0.008	<0.0005	<0.02	2007.09.05
1.2	12.2	360.3	242.7	117.6	<0.002	<0.0008	0.41	<0.002	<0.005	<0.005	<0.005	<0.0005	<0.02	2008.10.08
0.5		267.7			<0.001	<0.0008	0.76	<0.002	0.032	<0.005	<0.005	<0.0005	<0.02	2009.10.10
0.9	12.9	327.8	276.7	51.1	<0.001	<0.0008	0.45	<0.001	0.009	<0.001	<0.005	<0.0005	<0.05	2010.10.09
0.8	14.2	240.2	215.2	25	<0.002	<0.0008	0.23	<0.002	<0.005	<0.008	<0.008	<0.0005	<0.02	2002.07.02
0.6	11.8	255.2	211.2	44	<0.001	<0.0008	0.42	<0.002	<0.007	<0.008	<0.008	<0.0005	<0.02	2003.10.28
0.7	10.6	247.7	205.2	42.5	<0.001	<0.0008	0.35	<0.002	0.009	<0.008	<0.008	<0.0005	<0.02	2004.08.17
0.9	12.2	240.2	237.7	2.5	<0.001	<0.0008	0.36	<0.002	0.023	<0.008	<0.008	<0.0005	<0.02	2005.10.10
1.1	12.1	240.2	220.2	20	<0.001	<0.0008	0.37	<0.002	0.019	<0.008	<0.008	<0.0005	<0.02	2006.09.06
0.9	10.6	265.2	197.7	67.5	<0.001	<0.0008	0.42	<0.002	<0.005	<0.008	<0.008	<0.0005	<0.02	2007.09.05
1.1	11.6	267.7	195.2	72.5	<0.002	<0.0008	0.41	<0.002	<0.005	<0.005	<0.005	<0.0005	<0.02	2008.10.08
0.6		260.2			<0.001	<0.0008	0.85	<0.002	<0.005	<0.005	<0.005	<0.0005	<0.02	2009.10.10
1	11.4	300.3	229.7	70.6	<0.001	<0.0008	0.44	<0.001	<0.005	<0.001	<0.005	<0.0005	<0.05	2010.10.09
0.8	17.3	227.7	227.7	0	<0.002	<0.0008	0.29	<0.002	0.01	<0.008	<0.008	<0.0005	<0.02	2002.07.02
0.6	15.5	231.7	231.7	0	<0.001	<0.0008	0.42	<0.002	0.012	<0.008	<0.008	<0.0005	<0.02	2003.10.28
0.9	12	233.7	232.7	1	<0.001	<0.0008	0.42	<0.002	0.12	<0.008	<0.008	<0.0005	<0.02	2004.08.17
1.1	14.8	240.2	240.2	0	<0.001	<0.0008	0.33	<0.002	0.023	<0.008	<0.008	<0.0005	0.08	2005.10.10
0.8	12.8	275.2	275.2	0	<0.001	<0.0008	0.41	<0.002	0.019	<0.008	<0.008	<0.0005	<0.02	2006.09.06
1	13.1	270.2	270.2	0	<0.001	<0.0008	0.19	<0.002	0.01	<0.008	<0.008	<0.0005	<0.02	2007.09.05
1	12.7	295.3	270.2	25.1	<0.002	<0.0008	0.45	<0.002	0.008	<0.005	<0.005	<0.0005	<0.02	2008.10.08
0.6		330.3			<0.001	<0.0008	0.79	<0.002	0.033	<0.005	<0.005	<0.0005	<0.02	2009.10.10
1.3	10.6	365.3	225.2	140.1	<0.001	<0.0008	0.41	<0.001	<0.005	<0.001	<0.005	<0.0005	<0.05	2010.10.09

编制情况说明

陕西省地质环境监测总站已开展地下水监测60年，分别于1978年、1985年、1991年、1992年编制出版了《西安地区地下水位年鉴(1956—1977年)》《西安地区地下水位年鉴(1978—1983年)》《西安地区地下水位年鉴(1984—1990年)》《宝鸡地区地下水位年鉴(1975—1985年)》。

为了保护历史监测资料，更好地推进地质环境监测机构的公益性服务与监测资料的社会化共享，我站于2013—2016年组织编制了《陕西省地下水质年鉴(1996—2010年)》。现将有关情况说明如下。

(1) 1996—2010年，陕西省西安、咸阳、宝鸡、渭南、汉中、安康、榆林和铜川等8市开展了地下水动态监测，故《陕西省地下水质年鉴(1996—2010年)》编录了8市270个监测点的水质监测数据。

(2) 为了使资料便于使用，年鉴中附有监测点基本信息表，说明了每个监测点的基本信息，包括监测点编号、监测点位置、地下水类型等。

(3) 年鉴中地下水质监测数据为原始资料，为保证资料的原始性，不统一数据小数点后位数。

地下水监测数据整编是一项长期、细致的基础性工作，由于资料积累时间较长，时间仓促，不妥之处敬请批评指正。

陕西省地质环境监测总站
2015年12月10日